高职高专教育"十二五"规划建设教材
辽宁职业学院国家骨干高职院校建设项目成果

农业微生物应用

孙　巍　主编

中国农业大学出版社
·北京·

内容简介

本教材内容包括课程导入和 9 个教学单元,这 9 个单元分别是微生物的形态鉴别、微生物的培养、微生物的生长测定、微生物的分离与纯化、微生物的生理生化检验、微生物的菌种保藏、微生物肥料、微生物农药、微生物饲料。每单元设有知识目标、能力目标、必备知识、任务实施、结果分析、问题与思考等,书后还有附录,方便读者查阅。教材中广泛使用图、表,使教材直观易懂,增加了可读性。在教学项目和任务的选择上以与企业工作岗位相适应的工作任务为载体,在学生完成工作任务的过程中达到规定知识目标和技能目标。任务内容贴近现代生产实际,与职业资格标准对接,实现了项目导向、课堂与实训一体化。

本教材可供农林高等职业技术学院和高等专科学校园艺园林类、种植类、生物技术类专业及相关专业学生学习使用,也可供微生物技术培训班和其他生物科技人员使用、查阅和参考。

图书在版编目(CIP)数据

农业微生物应用 / 孙巍主编. —北京:中国农业大学出版社,2014.7(2018.1 重印)
ISBN 978-7-5655-1134-9

Ⅰ.①农… Ⅱ.①孙… Ⅲ.①农业-应用微生物学-高等职业教育-教材 Ⅳ.①S182

中国版本图书馆 CIP 数据核字(2014)第 285416 号

书　　名	农业微生物应用		
作　　者	孙　巍　主编		
策划编辑	陈　阳　伍　斌　王笃利	**责任编辑**	刘耀华
封面设计	郑　川	**责任校对**	王晓凤
出版发行	中国农业大学出版社		
社　　址	北京市海淀区圆明园西路 2 号	**邮政编码**	100193
电　　话	发行部 010-62818525,8625	读者服务部 010-62732336	
	编辑部 010-62732617,2618	出　版　部 010-62733440	
网　　址	http://www.cau.edu.cn/caup	**E-mail** cbsszs @ cau.edu.cn	
经　　销	新华书店		
印　　刷	北京时代华都印刷有限公司		
版　　次	2014 年 7 月第 1 版　　2018 年 1 月第 2 次印刷		
规　　格	787×1 092　16 开本　12.25 印张　300 千字		
定　　价	27.00 元		

编审委员会

编 写 人 员

主　编　孙　巍　辽宁职业学院

副主编　杨桂梅　辽宁职业学院
　　　　陈尔冉　铁岭市农业科学院

编　者　（按姓氏笔画排序）
　　　　马野夫　辽宁职业学院
　　　　孙　巍　辽宁职业学院
　　　　刘宇珠　辽宁职业学院
　　　　宋瑞勇　北京华瑞康田生物科技有限公司
　　　　陈尔冉　铁岭市农业科学院
　　　　杨桂梅　辽宁职业学院

总　序

《国务院关于加快发展现代职业教育的决定》(国发[2014]19号)中提出加快构建现代职业教育体系,随后下发的国家现代职业教育体系建设规划(2014—2020年)明确提出建立产业技术进步驱动课程改革机制,按照科技发展水平和职业资格标准设计课程结构和内容,通过用人单位直接参与课程设计、评价和国际先进课程的引进,提高职业教育对技术进步的反应速度。到2020年基本形成对接紧密、特色鲜明、动态调整的职业教育课程体系,建立真实应用驱动教学改革的机制,推动教学内容改革,按照企业真实的技术和装备水平设计理论、技术和实训课程;推动教学流程改革,依据生产服务的真实业务流程设计教学空间和课程模块;推动教学方法改革,通过真实案例、真实项目激发学习者的学习兴趣、探究兴趣和职业兴趣。这为国家骨干高职院校课程建设提供了指针。

辽宁职业学院经过近十年高职教育改革、建设与发展,特别是近三年国家骨干校建设,以创新"校企共育,德技双馨"的人才培养模式,提升教师教育教学能力,在课程建设尤其是教材建设方面成效显著。学院本着"专业设置与产业需求对接、课程内容与职业标准对接、教学过程与生产过程对接"的原则,以学生职业能力和职业素质培养为主线,以工作过程为导向,以典型工作任务和生产项目为载体,立足岗位工作实际,在认真总结、吸取国内外经验的基础上开发优质核心课程特色系列教材,体现出如下特点:

1. 教材开发多元合作。发挥辽西北职教联盟政、行、企、校、研五方联动优势,聘请联盟内专家、一线技术人员参与,组织学术水平较高、教学经验丰富的教师在广泛调研的基础上共同开发教材;

2. 教材内容先进实用。涵盖各专业最新理念和最新企业案例,融合最新课程建设研究成果,且注重体现课程标准要求,使教材内容在突出培养学生岗位能力方面具有很强的实用性。

3. 教材体例新颖活泼。在版式设计、内容表现等方面,针对高职学生特点做了精心灵活设计,力求激发学生多样化学习兴趣,且本系列教材不仅适用于高职教学,也适用于各类相关专业培训,通用性强。

国家骨干高职院校建设成果——优质核心课程系列特色教材现已全部编印完成,即将投入使用,其中凝聚了行、企、校开发人员的智慧与心血,凝聚了出版界的关心关爱,希望该系列教材的出版能发挥示范引领作用,辐射、带动同类高职院校的课程改革、建设。

由于在有限的时间内处理海量的相关资源,教材开发过程中难免存在不如意之处,真诚希望同行与教材的使用者多提宝贵意见。

2014年7月于辽宁职业学院

前　言

　　微生物学是园艺园林类、种植类、生物技术类专业及相关专业的专业基础课。同时,微生物学也是最先具有自己独特的实验技术和方法的生物学科。这些技术和方法至今仍广泛应用于科学研究和生产实践中。

　　本教材在编写过程中严格按照高职教育改革文件精神,适应高等技术应用型人才培养的需要,以学生职业能力培养为主线,构建新的课程体系,最大可能地实现学习与岗位工作的"对接"。

　　教材的编写体现了以学生为本的思想,从企业微生物相关职业岗位(群)工作出发,以培养从事职业岗位工作所需的职业能力为主线,在全面、细致、深入地分析职业技术领域各岗位(群)工作任务的基础上,以完成相应工作任务知识目标和技能目标为要素组织教学内容,设计了来源于实际工作任务的项目任务。教材内容包括课程导入和9个教学单元,这9个教学单元分别是微生物的形态鉴别、微生物的培养、微生物的生长测定、微生物的分离与纯化、微生物的生理生化检验、微生物的菌种保藏、微生物肥料、微生物农药、微生物饲料。

　　本教材由辽宁职业学院孙巍任主编,由辽宁职业学院杨桂梅和铁岭市农业科学院陈尔冉任副主编,具体编写分工如下:课程导入、单元一、单元六、单元九由孙巍编写;单元二、单元四由杨桂梅编写,单元三、附录二、附录三、附录四、附录五由刘宇珠编写;单元五由马野夫编写;单元七由宋瑞勇编写;单元八、附录一由陈尔冉编写。全书由孙巍统稿。

　　教材编写得到了行业、企业专家的大力支持,在此表示衷心的感谢。此外,教材中的引文、图表和从网上收集的部分照片等数码资料由于时间久远,难以一一注明出处,但对这些数码资料的制作者我们在此表示诚挚的感谢。由于编者水平有限,编写时间仓促,书中存在疏漏之处在所难免,恳请各位同行、专家与广大读者给予批评指正,以便加以修改完善。

编　者

2014 年 6 月

目　　录

◉ 课程目标

1. 掌握微生物的定义、特点。
2. 了解微生物在各领域中的应用。
3. 了解微生物学在研究和生产中的常用技术。
4. 培养学生对微观事物科学的、实事求是的、认真细致的学习和工作态度。

◉ 必备知识

一、什么是微生物

微生物一般是指那些形体微小、结构简单、无法用肉眼直接观察的微小生物的总称。这些微小的生物并不是分类系统中的一个类群,它们种类繁多、成员复杂,根据细胞结构的有无和细胞核的类型可分为非细胞微生物(病毒、亚病毒等)、原核微生物(细菌、放线菌、蓝细菌等)、真核微生物(真菌、原生动物和藻类)。

二、微生物的特点

微生物除了具有和高等生物一样最基本的生物学特性——新陈代谢和生命周期之外,还具有自然界其他任何生物不可比拟的特点。

1. 个体小、结构简单

微生物的个体绝大多数都极其微小,要以微米(μm,即 10^{-6} m)或纳米(nm,即 10^{-9} m)为单位测量它们的大小,需要借助光学显微镜或电子显微镜来观察它们的形态。但在微生物的世界中也有巨人,例如大型真菌的子实体(如蘑菇)就完全可以用肉眼观察到。尽管微生物的大小相差悬殊,但它们的结构都很简单,大多数都是单细胞,或者没有组织分化的丝状体,病毒甚至没有细胞结构;大型真菌稍复杂,具有原始水平的菌丝特化结构。

2. 吸收多、转化快

微生物体积虽小,但具有巨大的比表面积(表面积/体积,物体的尺寸越小,比表面积越大),它的整个细胞表面都可以与外界环境快速地进行物质交换,感受和交换信息。因而从单位重量来看,微生物的代谢强度比高等生物大几千倍到几万倍。例如,在适宜的环境下,乳杆菌(*Bacterium lactis*)在 1 h 内可分解的乳糖相当其自重的 1 000~10 000 倍;产朊假丝酵母(*Candida utilis*)合成蛋白质的能力比大豆强 100 倍,比肉牛强 10 万倍。

微生物营养吸收多、转化快这一特性,为它们的快速生长繁殖和产生大量代谢产物提供了充分的物质基础,从而使微生物有可能更好地发挥"活的化工厂"的作用。

3. 生长旺、繁殖快

微生物具有惊人的生长和繁殖速度,是其他生物不能比的。如大肠杆菌在适宜的生长条件下 $17\sim20$ min 分裂 1 次,若按世代时间 20 min 计,单个细菌 24 h 后可分裂 72 代,其子代的数量将达到 $2^{72}\approx4.72\times10^{21}$,总重可达 4 720 t。当然,实际上由于营养、空间和代谢产物等种种客观条件的限制,细菌的指数分裂速度只能维持数小时,因而在液体培养中,细菌的浓度一般仅能达到 $10^8\sim10^{10}$ 个/mL。

微生物生长旺、繁殖快这一特性,不仅是发酵工业的基础,而且在科研上以微生物为研究材料,可以极大地缩短研究周期,提高效率。

4. 易变异、适应强

微生物个体一般都是单细胞、简单多细胞或非细胞的,它们的遗传物质通常都是单倍体,加之繁殖快、数量多及易受外界环境影响等特点,很容易发生变异或死亡。正是利用微生物易变异的特点,在微生物工业生产中,通过诱变育种在短时间内即可获得优良菌种,提高产品的产量和质量。例如,青霉素生产菌,开始时每毫升发酵液中只有几十个单位的青霉素,现经过诱变处理可提高到几万个单位。

由于微生物易变异的特点,使其能在各种环境下表现超强的适应能力,如抗高辐射、高温、低温、高压、缺氧、强酸、强碱、高盐及干燥等,甚至能在生命的极限区生存。

5. 种类多、分布广

微生物在自然界是一个十分庞杂的生物类群。迄今为止,人类记载过的微生物约 20 万种,随着分离、培养方法的改进和研究工作的深入,现在还以每年发现几百至上千新种的趋势增加。它们的分布也是无孔不入,经过亿万年的进化,具有极其广泛的适应性,可以适应各种环境。无论在土壤、水域、大气中,还是动植物体内和体表,甚至在地球恶劣的"极端环境",到处都有微生物的踪影。

正是这些复杂多变、丰富多样的微生物资源,为我们人类提供了取之不竭的宝贵财富。

三、微生物在农业上的应用

微生物与农业生产的关系十分密切,其中既有有益的一面也有有害的一面。有益微生物在农业上有着广泛的应用,如微生物肥料、微生物农药和微生物饲料等。

1. 微生物肥料

微生物肥料是人工培养的有益微生物的活菌制剂。它不仅可以改善土壤结构、提高土壤肥力,还可以促进作物生长、提高作物的抗逆性,从而提高作物的质量和产量。除此,微生物肥料与化学肥料相比,还具有肥效好、肥效长、无毒、无副作用、不污染环境、成本低、经济效益高等优点。如根瘤菌肥用于造林,在植物根部形成菌根,加强植物对水分和养分的吸收。

2. 微生物农药

微生物农药是以具有农药活性的微生物或其代谢产物来进行杀虫、杀菌和除草的。大多数微生物农药的选择性强,对人畜及天敌较安全,不易产生抗性,而且最突出的优点就是不污染环境。例如:苏云金芽孢杆菌可用来防治鳞翅目昆虫;井冈霉素用来治理水稻纹枯病;"鲁保一号"可防除农田杂草菟丝子。

3. 微生物饲料

微生物饲料是指含微生物代谢产物或菌体的饲料和饲料添加剂。包括单细胞蛋白饲料、饲用酶制剂、益生菌剂、发酵饲料等。微生物饲料通过改善饲料的结构,提高饲料消化吸收率,或者通过调整肠道菌群平衡,促进机体免疫功能,提高抗病能力,进而促进动物的生长发育。

四、微生物学的任务

微生物学的主要任务是研究各类微生物在一定条件才下的形态结构、生理生化、生长繁殖、遗传变异、生态分布、发育分化、系统进化、种群分类等基础理论;研究新的技术方法,发掘巨大的微生物资源,利用有益微生物,预防有害微生物。

五、微生物基础技术

1. 形态鉴别技术

微生物个体微小,无法用肉眼观察,需经显微镜放大后方可看清它们的形态。因此,显微镜成为研究微生物不可缺少的研究工具之一,而微生物实验室中最常用的就是普通光学显微镜。一般在光学显微镜下,我们只能看清微生物的形态,几乎看不清细胞的构造。为了更好地观察微生物,我们常根据需要对微生物进行染色。由于不同染料对细胞组分有特异的吸附作用,如结晶紫、美蓝等可与胞质中的蛋白质结合,甲绿、地衣红能显示 DNA 成分,这样就可以增加反差,便于形态结构的观察。

2. 分离与纯培养技术

在自然界中,微生物都是混杂地生活在一起,即使在一粒小小的尘土中也常含有多种微生物。为了研究或利用某一种微生物,就必须把混杂的微生物分离开,从中获得单种微生物的纯培养。因此分离、纯化技术是进行微生物研究的基础。常用的微生物分离方法有稀释法和平板划线法。

3. 消毒和灭菌技术

微生物的存在无处不在,而在微生物的研究和生产中,需要进行的是微生物的纯培养,不能有任何其他杂菌的干扰。因此,对所用器材、培养基等进行严格灭菌,对工作环境进行消毒,规范操作,严格控制杂菌污染,是保证工作顺利进行的关键。常用的灭菌方法有湿热灭菌和干热灭菌,主要是利用高温使微生物的蛋白质、核酸等活性分子发生变性来杀死微生物。此外,过滤除菌、射线灭菌和消毒、化学药物灭菌消毒等也是微生物操作常用的方法。

4. 生长测定技术

微生物不论在自然条件下还是在人工培养条件下,只有大量存在才能产生作用。生长和繁殖是保证微生物获得巨大数量的前提。生长是一个逐步发生的量变过程,繁殖是一个产生新生命个体的质变过程。但微生物由于个体微小,这两个过程紧密联系又很难划分,而且在实际工作中研究单个微生物的生长和繁殖既无必要又十分困难。因此,微生物的生长主要是指群体生长(包括个体生长和个体繁殖),可用其重量、体积、个体浓度等指标来测定。通常单细胞微生物,既可测定细胞数目,又可以细胞质量为指标;而对多细胞微生物(尤其是丝状真菌),常以菌丝的重量或体积为指标。测定生长的方法也是多种多样的,有直接测定细胞数目和质量的方法,如显微计数法、称重法等;也有通过细胞生长过程中某物质的变化来间接测定细胞生长的方法,如含氮量测定法等。

5.菌种保藏技术

在微生物研究中,选育一株理想的菌株是一项十分艰苦的工作。而微生物的世代时间短,在传代的过程中容易发生变异、污染甚至死亡,常常造成菌种的退化,因此保持菌种优良性状的稳定遗传对科研和生产都具有重要的意义。菌种保藏的方法很多,其基本原理是人为地控制微生物生长条件(如降低培养基营养成分、低温、干燥、缺氧等),使其处于代谢不活泼的休眠状态,以减少菌种变异。常用的菌种保藏技术有斜面低温保藏法、矿油保藏法、冷冻干燥保藏法等。

◉ 拓展知识

一、微生物在生物界的地位

生物的分类随着人们对生物体本质认识的深入在不断发生着变化,从以形态学、细胞学逐渐到以分子生物学为依据。

1969 年魏塔克提出,把自然界中具有细胞结构的生物分为五界,根据我国学者的建议,无细胞结构的病毒应另为一界,这样就构成了生物的六界系统。

1978 年伍斯等又提出了三域学说,即将整个生物界分为古生菌域、细菌域和真核生物域,这个学说已基本被各国学者所接受。

二、微生物学的发展简史

微生物学的发展史是人们在长期的生产实践中从利用微生物、认识微生物、研究微生物、改造微生物的过程中不断发展总结出的。可分为 4 个时期,即感性认识时期、形态描述时期、生理学时期、分子生物学时期(表 0-1)。

表 0-1 微生物学发展简史

发展时期	经历时间	代表人物	特点和标记事件
感性认识时期	8 000 年前至 17 世纪末	各国劳动人民	人类已经在生产生活中利用微生物,如酿造、发酵等,但未发现微生物的存在
形态描述时期	17 世纪末至 19 世纪中叶	安东·列文虎克	1676 年安东·列文虎克首次发现微生物的存在,随后进入了微生物形态描述的阶段
生理学时期	19 世纪中叶至 20 世纪上半叶	巴斯德(微生物学奠基人)、科赫(微生物学实验操作技术设计者)	微生物的研究进入了生理研究水平,揭示了生命活动的规律,解决了许多生产难题,并建立了一整套微生物学实验操作方法,是微生物发展的奠基期
分子生物学时期	20 世纪上半叶以后	沃森和克里克	DNA 双螺旋模型的建立;微生物研究进入分子生物学的全新时代

◉ **问题与思考**

　　(1)说说你身边与微生物有关的现象。

　　(2)什么是微生物？它包括哪些类群？

　　(3)举例说明微生物的特点。

　　(4)试举例说明微生物与农业生产的关系。

单元一 微生物的形态鉴别

◆◆◆ 项目一 普通光学显微镜 ◆◆◆

知识目标 熟悉普通光学显微镜的构造和各部分的功能,了解显微镜油镜的原理,认识微生物的形态。

能力目标 会用普通光学显微镜(油镜)观察微生物标本片,并正确绘图。

⬤ 必备知识

一、普通光学显微镜的构造

普通光学显微镜的构造(图 1-1)可分为两大部分:一部分为机械装置,另一部分为光学系统,这两部分配合好才能发挥显微镜的作用。

1.机械装置

(1)镜座和镜壁 镜座,在显微镜底部由马蹄形金属支持全镜。镜壁,连接聚光镜、载物台、镜筒等,有固定式和活动式 2 种,活动式的镜壁可改变角度。

(2)镜筒 镜筒上接目镜,下接转换器,有单筒和双筒 2 种,双筒上有屈光度调节装置,使用时双眼不易疲劳。

(3)物镜转换器 物镜转换器上可安装 3~4 个物镜。可以按需要将其中的任何一个物镜和镜筒接通,与镜筒上面的目镜构成一个放大系统。

(4)载物台 载物台中央有一孔,为光线通路。在台上装有弹簧标本夹和推动器,其作用为固定或移动标本的位置,使得镜检对象恰好位于视野中心。

(5)调焦装置 调焦装置是调解物镜和标本间距离的机件,有粗动螺旋和微动螺旋,通过调焦手轮使镜筒或镜台上下移动,当物体在物镜和目镜焦点时,则得到清晰的图像。在使用粗动螺旋未找到物像前,不要使用微动螺旋,以免磨损微动螺旋。

2.光学系统

(1)物镜 物镜是安装在镜筒下端转换器上的接物透镜。其作用是将标本第一次放大,它

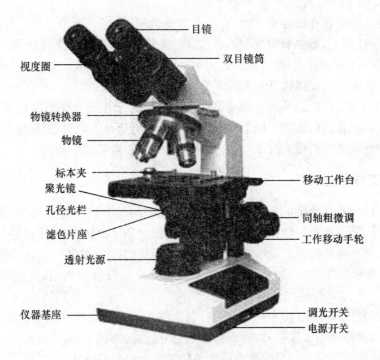

图 1-1　光学显微镜的构建

是决定成像质量和分辨能力的重要部件。

物镜的性能取决于物镜的数值孔径(numerical apeature,NA),每个物镜的数值孔径都标在物镜的外壳上,数值孔径越大,物镜的性能越好。

物镜上通常标有数值孔径、放大倍数、工作距离等主要参数,如 NA0.25,10×,160/0.17,16 mm。其中,"NA0.25"表示数值孔径,"10×"表示放大倍数,"160/0.17"分别表示镜筒长度和所需盖玻片厚度(mm),"16 mm"表示焦距。光学显微镜物镜的特性见表 1-1。

表 1-1　光学显微镜物镜的特性

特性	物镜			
	搜索物镜	低倍镜	高倍镜	油镜
放大倍数	4×	10×	(40~45)×	(95~100)×
数值孔径值	0.10	0.25	0.55~0.65	1.25~1.4
焦距/mm	40	16	4	1.8~2.0
工作距离/mm	17~20	4~8	0.5~0.7	0.1
蓝光时分辨率/μm	2.3	0.9	0.35	0.18

(2)目镜　安装于镜筒的上端,由 2 块透镜组成,上端的透镜称"接目镜",下端的透镜称"物镜"。上下透镜之间或在 2 个透镜的下方,装有由金属制的环状光阑或叫"视场光阑",物镜放大后的中间像就落在视场光阑平面处,所以其上可安置目镜测微尺。

目镜的作用是把物镜放大了的实像再放大一次,并把物像映人观察者的眼中,不增加分辨率。其顶端一般标有 5×、10×、15× 等放大倍数,可根据需要选用。

（3）聚光器　聚光器在载物台下面，它是由聚光透镜、虹彩光圈组成的。其作用是将光源发出光线聚焦于样品上，增强照明度和形成适宜的光锥角度，提高物镜的分辨力。

通过调节聚光镜的高低和彩虹光圈的大小，可得到适宜的光照和清晰的图像。

（4）光源　较新式的显微镜其光源通常是安装在显微镜的镜座内，并有电流调节螺旋，可通过此螺旋调节光照强度；老式的显微镜是在镜座上装有反光镜。反光镜是由一平面和一凹面的镜子组成，可以将投射在它上面的光线反射到聚光器透镜的中央，照明标本。不用聚光器时用凹面镜，凹面镜能起汇聚光线的作用。用聚光器时，一般都用平面镜。

二、油镜工作的原理

使用时，油镜与其他物镜的不同是载玻片与物镜之间的介质不是空气，而是油质，称为油浸系。其原因是：当载玻片与物镜之间介质为空气（折射率＝1）时，称为干燥系，光线经过玻璃和空气折射后，进入物镜的光线减少，物像不清晰；当载玻片（折射率＝1.52）与物镜之间介质为与玻璃折射率相近的香柏油（折射率＝1.515）时，发生折射很少，视野光亮度增强，物像清晰。

油镜的焦距和工作距离（标本在焦点上看得最清晰时物镜与样品之间的距离）最短，光圈开得最大，因此，在使用油镜观察时，镜头离标本十分近，需特别小心。

被观测物体的放大倍数是目镜放大倍数与物镜放大倍数的乘积。

任务一　普通光学显微镜的使用

◉ 任务目标

能用普通光学显微镜（油镜）观察微生物标本片，并能客观准确地绘制所观察微生物的形态。

◉ 实施条件

（1）菌种标本　枯草芽孢杆菌、金黄色葡萄球菌等标本片。

（2）试剂　香柏油、二甲苯。

（3）仪器和材料　普通光学显微镜、擦镜纸。

◉ 操作步骤

1. 安置

右手紧握镜壁，左手平托镜座，保持镜身直立，轻放桌上使镜壁正对左胸，距离桌子边缘1寸（3.3 cm）左右。镜检姿势要端正，使用显微镜时应双眼同时睁开观察，既可减少视力疲劳，也便于边观察边绘图记录。

2. 调光

将低倍镜转到工作位置，把光圈完全打开，聚光镜升至最高点，调解光源或反光镜，获得适当的照明亮度。在镜检全过程中，根据所需光线的强弱，可以通过扩大或缩小光圈、升降聚光器和旋转反光镜进行调解。

3. 装片

将标本片置于载物台上,用压夹压紧固定,移动推动器,将要观察的部分对准通光孔。

4. 低倍镜观察

先要下降低倍物镜,使其接近标本;然后,用目镜观察,旋转粗动螺旋缓慢升起镜筒,使观察视野中的标本初步聚焦,继而用微动螺旋使图像清晰;其次,用推动器移动标本,观察标本的各部位,找到合适的目的物像,仔细观察并记录观察结果。

5. 高倍镜观察

在低倍镜观察的基础上转换高倍镜。这时,只要将微动螺旋向反时针方向轻轻转动就可以看清楚目的物像。

6. 油镜观察

将镜筒提升 2 cm,并将高倍镜转出;在载玻片镜检部位滴一滴香柏油;下降镜筒,使油镜进入香柏油,镜头几乎与标本接触;从目镜观察,调节光圈与聚光镜,使光亮适当加大,用粗动螺旋缓慢提升镜筒至出现模糊物像,再用微动螺旋调至物像清晰。如果镜头已经提升出香柏油而未见物像,应按上述过程重复操作。

温馨提示:下降镜筒时要慢,需用眼睛在侧面观察,避免镜头与玻片相撞,这样可以防止损毁镜头和载玻片。

7. 复原

镜检完毕,提升镜筒,取出载玻片,将油镜转出,先用擦镜纸擦去镜头上的香柏油,再用擦镜纸蘸取少量二甲苯轻擦镜头,最后用擦镜纸擦去镜头上残留的二甲苯。

将各部分还原,关闭电源或反光镜直立,转动镜头转换器,将物镜从镜台孔挪开,成"八"字形,并将镜筒降至最低,同时把聚光镜降下,清洁机械部分,装镜入箱。

温馨提示:二甲苯用量要少,擦拭时间要短,以防二甲苯浸入物镜损坏镜头;擦拭应向一个方向;要保持清洁,光学部分尤其是物镜和目镜,禁止用手触摸。

◉ 结果分析

将观察到的微生物形态绘制于下表中。

菌名	低倍(放大___倍)	高倍(放大___倍)	油镜(放大___倍)
枯草芽孢杆菌			
金黄色葡萄球菌			
其他微生物			

◉ 问题与思考

(1)为什么用香柏油作为物镜与载玻片之间的介质?用其他液体行吗?

(2)使用油镜时,应特别注意哪些问题?

(3)为什么在使用高倍镜和油镜观察标本之前要先用低倍镜进行观察?

◉ 拓展知识

一、普通光学显微镜的种类

上述我们学习的是普通光学显微镜中的最为常用的明视野显微镜,除此之外,普通光学显微镜还包括暗视野显微镜、相差显微镜和荧光显微镜。现将 4 种光学显微镜的原理、特点和应用进行比较,如表 1-2 所示。

表 1-2　各种光学显微镜的比较

光学显微镜类型	基本原理及特点	应用
明视野显微镜	光线透射照明,物像处于这一背景中,为光学显微镜的最基本配置,价格便宜、容易使用	各种情况下染色样品或活细胞个体形态的观察
暗视野显微镜	通过特殊的聚光器和斜射照明,亮物像形成于暗背景中	明视野显微镜下不易看清的活细胞的观察;不易被染色或易被染色过程破坏的细胞的观察(如对梅毒密螺旋体的检测),活细胞运动性的观察
相差显微镜	通过特殊的聚光器和物镜提高样品不同部位间的反差(明暗差异)	活细胞及其内部结构的观察
荧光显微镜	经荧光染料染色或荧光抗体处理的样品在紫外线照射下发出各种波长的可见光,在黑暗的背景中形成明亮的彩色物像	环境微生物的直接观察;病灶或医学样品中特定病原微生物的直接检测(使用特定的荧光抗体)

二、电子显微镜

电子显微镜与光学显微镜不同的是,它根据电子光学原理,用电子束和电磁场代替光束和光学透镜,使物质的细微结构在非常高的放大倍数下成像。用它可以观察更细微的物体和结构,如各种生物细胞和病毒的超微结构、生物大分子等,可以说电子显微镜是"科学的探微之眼"。

电子显微镜按结构和用途可分为透射电子显微镜、扫描电子显微镜、扫描隧道显微镜和原子力显微镜。现将它们的原理、特点和应用进行比较(表 1-3)。

表 1-3　各种电子显微镜的比较

电子显微镜类型	基本原理及特点	应用
透射电子显微镜	用电子束作为"光源"聚焦成像,分辨率较光学显微镜大大提高。仪器庞大、昂贵、对工作环境和操作技术有较高要求	对病毒颗粒或超薄切片处理后对细胞的内部结构进行观察
扫描电子显微镜	电子束在样品表面扫描,收集形成的二次电子形成物像,分辨率远高于光学显微镜;仪器庞大、昂贵,对工作环境和操作技术有较高要求	明视野显微镜下不易看清的活细胞的观察;不易被染色或易被染色过程破坏的细胞的观察(例如对梅毒密螺旋体的检测)观察活细胞的运动性

续表1-3

电子显微镜类型	基本原理及特点	应用
扫描隧道显微镜	用细小的探针在样品表面进行扫描,通过检测针尖和样品间隧道效应电流的变化形成物像	与电子显微镜相比,这类显微镜能提供更高的分辨率,可在生理状态下对生物大分子或细胞结构进行观察;同时仪器体积较小,价格也相对便宜
原子力显微镜	利用细小的探针对样品表面进行恒定高度的扫描,同时通过一个激光装置来监测探针随样品表面的升降变化来获取样品表面形貌的信息	

◆◆◆ 项目二　细菌形态结构的观察 ◆◆◆

> **知识目标** 通过对细菌的形态、结构和繁殖方式等内容的学习,来达到更好地认识细菌的目的,为以后细菌的鉴别应用奠定基础。
>
> **能力目标** 学会细菌涂片、染色、大小测定等基本技术,初步掌握细菌形态鉴别的方法。

◉ 必备知识

细菌是一类细胞细短、结构简单、细胞壁坚韧、多以二等分裂方式繁殖和水生性较强的单细胞原核微生物。

细菌是大家比较熟悉的名字,因为有很多疾病是它们引起的,例如:伤寒杆菌、结核杆菌、破伤风杆菌、肺炎双球菌等致病菌对人类有害;腐败菌常引起食物和工农业产品腐烂变质,并散发出特殊的臭味或酸败味。但是,大多数细菌是和人类和平共处的,也有许多细菌对人类不仅无害而且有益,能给人类带来很大好处。例如:人们利用谷氨酸棒杆菌制造食用味精,用乳酸菌生产酸乳,用苏云金杆菌生产杀虫剂,利用产甲烷菌生产沼气,以及借助细菌来冶炼金属、净化污水、制作使庄稼增产的细菌肥料等。

一、细菌的形态与大小

(一)细菌的形态

细菌的基本形态有球状、杆状和螺旋状三大类,分别被称为球菌、杆菌和螺旋菌(图1-2)。仅有少数细菌或一些细菌在培养不正常时为其他形态,如丝状、三角形、方形、星形等。

1. 球菌

球菌单独存在时,细胞呈球形或近似球形。根据其繁殖时细胞分裂面的方向,以及分裂后菌体之间的组合状态,可形成不同的排列方式。

模式图 　　　　 显微照片

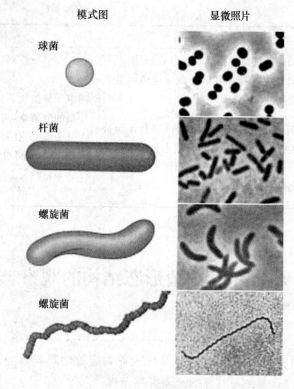

球菌

杆菌

螺旋菌

螺旋菌

图 1-2　微生物的基本形态

(1)单球菌　细胞分裂后,新个体分散而单独存在,如尿素微球菌。

(2)双球菌　细胞沿一个平面分裂,分裂后的 2 个细胞成对排列,如肺炎双球菌。

(3)链球菌　细胞沿一个平面分裂,分裂后的多个细胞排成链状,如乳链球菌。

(4)四联球菌　细胞按 2 个互相垂直的平面分裂,分裂后的 4 个细胞连在一起呈"田"字形,如四联微球菌。

(5)八叠球菌　细胞沿着 3 个互相垂直的方向进行分裂,分裂后的 8 个细胞叠在一起呈魔方状,如尿素八叠球菌。

(6)葡萄球菌　细胞无定向分裂,分裂后形成的新个体排列成葡萄串状,如金黄色葡萄球菌。

由于受环境和培养因素的影响,在标本或培养物中,某种细菌的细胞不一定全部都按照典型的排列方式存在,只是特征性的排列方式占优势,还经常能看见单个分散的菌体。

2. 杆菌

杆菌细胞呈杆状或圆柱状。它是细菌中种类最多、最为常见的一类微生物,形态也多种多样。各种杆菌的长度与直径比例差异很大,有的粗短,有的细长,但同一种杆菌的粗细一般比较稳定,而长度则因培养时间、培养条件不同而有所差异。菌体两端形态各异,有钝圆、平截或略尖等。多数杆菌分裂后无特殊排列,分散存在,也有杆菌可排列成链状、"八"字状、栅栏状等。

3. 螺旋菌

螺旋菌细胞呈弯曲状,常以单细胞分散存在,能运动。根据其弯曲的情况不同,可分为以下 3 种。

(1)弧菌　螺旋不满 1 圈,呈弧状或逗点状,如霍乱弧菌。

(2)螺旋菌 螺旋 2～6 圈，菌体僵硬，借助鞭毛运动，如迂回螺菌。

(3)螺旋体 螺旋超过 6 周，菌体柔软，靠轴丝收缩运动，如梅毒密螺旋体。

想一想：细菌的形态与排列方式有什么意义？

细菌的形态与排列方式在细菌的分类鉴定上具有重要的意义。其形态除了随种类变化外，还受环境条件(如培养基成分、浓度、培养温度、时间等)的影响。在适宜培养条件下，一般幼龄菌体的细胞形态表现为自身的典型形态，可进行形态特征描述。在非正常条件下生长或衰老的菌体，常表现为膨大、分枝或丝状等畸形。还有少数细菌类群(如芽孢细菌、鞘细菌和黏细菌)具有几种形态不同的生长阶段，共同构成一个完整的生活周期，应作为一个整体来描述研究。

(二)细菌的大小

细菌细胞大小常用微米（μm，$1\ \mu m = 10^{-3}\ mm$）来度量。球菌大小以直径表示，多为 $0.5～1.0\ \mu m$；杆菌和螺旋菌的大小以"宽度×长度"表示，一般杆菌为$(0.5～1.0)\ \mu m\times(1～5)\ \mu m$，螺旋菌为$(0.5～1.0)\ \mu m\times(1～50)\ \mu m$。但螺旋菌的长度是菌体两端点间的距离，而不是真正的长度。

你知道吗？ 最小和最大的细菌

迄今发现的一种能引起尿结石的纳米细菌，它的细胞直径仅有 50 nm，甚至比较大的病毒还要小，而在纳米比亚海岸海底发现了目前个体最大的细菌——纳米比亚硫黄珍珠菌，它的细胞直径为 0.3～1.0 mm，肉眼清楚可见。

想一想：我们如何测量细菌的大小？

影响细菌形态变化的因素同样也影响细菌的大小。此外，经干燥固定的菌体，细胞会收缩；而用衬托负染色的菌体又会膨大。这些都会影响细菌大小的测定结果，因此，细菌大小以平均值或代表性数值表示。细菌个体虽很小，可以采用显微镜测微尺测量大小，还可以通过投影法或照相放大倍数测算。

二、细菌细胞的结构

细菌细胞的结构可分为基本结构和特殊结构(图 1-3)。

细菌的基本结构是所有细菌细胞所共有的，包括细胞壁、细胞膜、细胞质及其内含物和核区。细菌的特殊结构是指某些细菌所特有的，如芽孢、伴胞结晶、糖被、鞭毛、菌毛和性菌毛等。

(一)细菌细胞的基本结构

1.细胞壁

细胞壁是紧贴细胞膜最外侧的一层坚韧而略具弹性的结构层，主要成分为肽聚糖，一般厚 10～80 nm，占细胞干重的 10%～25%。

通过染色、质壁分离或制成原生质体后在光学显微镜下可观察到细胞壁；用电子显微镜可以直接观察细菌超薄切片，研究壁的细微结构。

细胞壁的功能主要有：①固定细胞外形和提高机械强度，保护细胞免受渗透压和外力的损

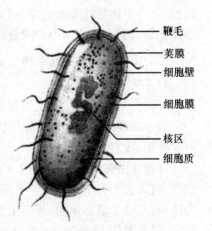

鞭毛
荚膜
细胞壁
细胞膜
核区
细胞质

图 1-3 细菌细胞的结构

伤。②是细胞生长、分裂、鞭毛运动所必需的结构。③阻拦大分子有毒物质进入细胞。④赋予细菌特定的抗原性、致病性及对噬菌体和抗生素的敏感性。

2.细胞质膜

细胞质膜是位于细胞壁内侧,包围细胞质外面的一层柔软且富有弹性的半透性薄膜。其厚度为5～10 nm,约占细胞干重的10%,化学成分主要有磷脂(20%～30%)和蛋白质(60%～70%),还含有少量糖蛋白和糖脂以及微量的核酸。

细胞膜的基本结构是由平行的2层磷脂分子整齐地排列而成,具有不同功能的蛋白质镶嵌或漂浮在具有流动性的磷脂双分子层中,犹如漂浮在海洋中的冰山。

细胞膜的功能:①是细胞生命的最后一道屏障,具保护作用。②选择性地控制细胞内外物质的运送和交换。③合成细胞壁各种组分和荚膜等大分子的场所。④进行氧化磷酸化或光合磷酸化的产能基地。⑤许多酶和电子传递链组分的所在部位。⑥鞭毛着生点和运动能量的供给部。

3.细胞质

细胞质是存在于质膜与核区之间的物质的总称,主要由流体部分和颗粒部分构成。流体部分含有可溶性的酶类和RNA。颗粒部分主要有核糖体、贮藏物等,少数细菌还存在羧化体、伴胞结晶、气泡等构造。

细胞质是细菌的内环境,含有丰富的酶系统。细胞吸收营养物质后,在细胞之内进行合成、分解代谢,因此,细胞质是细菌蛋白质和酶类生物合成的重要场所。

4.核区与质粒

(1)核区　核区是原核生物所特有的无核膜结构的核,又称核质体、原核、拟核或核基因组,构成核区的主要物质是一个大型的反复折叠高度缠绕的环状双链DNA分子。核区携带了细菌绝大多数的遗传信息,是细菌生长发育、新陈代谢和遗传变异的控制中心。

(2)质粒　质粒是游离于原核生物染色体外具有独立复制能力的小型共价闭合环状DNA分子。

质粒上携带着某些染色体上所没有的特殊基因,赋予细菌某些特殊的功能,如致育性、抗药性、大分子物质的降解性等,而且质粒既能自我复制、稳定遗传,又能通过接合、转化或转导等作用转入另一个菌体中。因此,在遗传工程中可作为基因载体,构建新菌株。

(二)细菌细胞的特殊结构

1.芽孢

芽孢是某些细菌在其生长发育后期,在细胞内由细胞质、核区逐渐脱水浓缩、凝聚形成的一个圆形或椭圆形的抗逆性休眠体。因在细胞内形成,故又称为内生孢子。一个细胞只形成一个芽孢,故它无繁殖功能。

芽孢在菌体内的位置(图1-4)、形状、大小和表面特征等因种而异,有中央位、端位、近端位等,直径大小大于或小于等于菌体宽度,这在分类鉴定上有一定意义。如破伤风杆菌的芽孢为正圆形,位于菌体顶端,芽孢比菌体宽,细菌呈鼓槌状;肉毒梭菌的芽孢位于菌体中央,椭圆形,直径比菌体大,使原菌体两头小中间大而呈梭形;巨大芽孢杆菌的芽孢位于菌体中央,卵圆形,小于菌体宽度。

成熟的芽孢具有多层结构,不易着色,折光性很强。其结构由外到内依次为:①芽孢外壁,主要成分为脂蛋白,透性差,有的芽孢无此层。②芽孢衣,主要含疏水性角蛋白,非常致密,通透性差,能抗酶和化学物质渗入。③皮层,很厚,约占芽孢总体积的 1/2,主要含肽聚糖及 DPA-Ca,与芽孢的耐热性有关。④核心,由芽孢壁、芽孢膜、芽孢质和核区 4 部分构成,含水量和 pH 均较低,除赋予芽孢抗性外,还为以后芽孢萌发提供营养。

　　由于芽孢的特殊结构,芽孢可以说是整个生物界中抗逆性最强的生命体,具有极强的抗热、抗辐射、抗化学药物和抗静水压等特性,而且休眠能力也极强。因此,研究细菌芽孢在指导实践上具有重要的意义:①衡量灭菌标准应以是否杀死芽孢为依据。②筛选有芽孢的菌种应用于微生物肥料等生产,利于菌种的保存。③根据芽孢着生情况来作为形态指标进行菌种鉴定等。

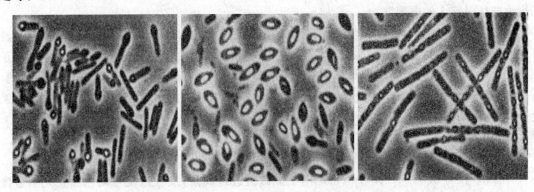

图 1-4　芽孢在菌体里的位置

2. 伴胞晶体

　　少数芽孢杆菌,如苏云金芽孢杆菌,在其形成芽孢的同时会在芽孢旁形成一颗菱形或双锥形的碱溶性蛋白晶体——δ 内毒素,称为伴胞晶体(图 1-5)。由于苏云金芽孢杆菌的伴胞结晶对 200 多种昆虫,尤其是鳞翅目的幼虫有毒杀作用,因此常被制成细菌杀虫剂。此类杀虫剂对高等动物、益虫、植物安全,是近年来发展较快、应用较广泛的微生物杀虫剂。

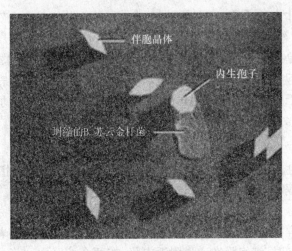

图 1-5　伴胞结晶电镜图片

3. 糖被

糖被是某些细菌在一定营养条件下,向细胞壁表面分泌的一层厚度不定的黏液状或胶质状的多糖类物质。它犹如穿在菌体表面的一件外套,用显微镜观察,中心部位是细菌菌体,在暗色背景下荚膜呈透明状环绕菌体。按其有无固定层次、层次厚薄又可细分为荚膜(大荚膜)、微荚膜、黏液层和菌胶团。

糖被的主要成分为多糖、多肽、蛋白质等,不同菌种的糖被组分不同,是细菌的一种遗传特性,可作为鉴定细菌的依据之一,但要注意糖被的形成与环境条件密切相关。

糖被的主要功能:①贮留水分,可保护菌体免于干燥。②保护菌体,免受吞噬细胞或其他物质侵害。③作为细胞外碳源和能源,在营养缺乏时被利用。④增强某些病原菌的致病力。⑤增强菌体对宿主的黏附能力。

你知道吗?产糖被的细菌常给人类带来一定的危害,当此类细菌污染牛奶、酒类、面包及其他含糖液的食品时,会使其发黏变质,给制糖工业和食品工业等带来一定的损失。但人们正在不断地研究利用它们,使它们转化为对人类有益的物质,如肠膜明串珠菌糖被中的葡聚糖,可用于生产右旋糖酐,是血浆代用品;野油菜黄单胞菌糖被中的黄原胶,可用于印染、食品工业;产生菌胶团的细菌可用于污水处理,等等。

4. 鞭毛

鞭毛是某些细菌从质膜和细胞壁伸出细长、波浪、毛发状的附属物。鞭毛长 $15\sim20~\mu m$,但直径很细,仅有 $0.01\sim0.02~\mu m$,可用电子显微镜进行观察;或经过鞭毛染色后在光学显微镜下观察。此外,根据其在半固体穿刺和平板培养基上的培养特征,也可判断鞭毛的有无。

鞭毛具有运动功能,且运动具有方向性,可使菌体向目标物移动,也可改变方向逃离有害物质,以保存自身。

根据鞭毛的着生位置和数目,可将具有鞭毛的细菌分为:偏端单生鞭毛菌、两端单生鞭毛菌、偏端丛生鞭毛菌、两端丛生鞭毛菌和周生鞭毛菌 5 种类型。鞭毛在菌体上的着生位置、数目因种而异,在细菌分类和鉴定上具有一定的意义。

5. 菌毛

菌毛是遍布细菌体表的比鞭毛更细、更短、直硬,且数量较多(250~300 根)的蛋白质微丝,又名纤毛。根据形态和功能不同,可分为普通菌毛和性菌毛。

普通菌毛的功能是提高菌体的黏附和聚集能力,使菌体黏附于物体或细胞表面;还可以促使某些菌体缠集在一起,在液体表面形成菌膜以获取充分的氧气;赋予某些细菌致病性。

性菌毛其形状介于鞭毛和普通菌毛之间,数目较少(1~4 根)。其功能是帮助不同性别菌株接合、传递 DNA 片段。

三、细菌的繁殖

细菌一般进行无性繁殖,主要方式为二等分裂,简称裂殖。裂殖是指一个细胞通过分裂而形成两个子细胞的过程,一般细菌均进行横分裂,少数进行纵分裂。

细菌的裂殖可以分 3 个阶段:核分裂、形成隔膜、子细胞分离。

细菌二等分裂过程:首先是染色体 DNA 复制,新的 DNA 双链,随着细菌生长分向两极,各自形成一个核区。同时,细胞膜在赤道附近内陷,在两个核区中间形成细胞质隔膜,细胞质和细胞核一分为二。进而细胞壁也向中心逐渐延伸,把细胞膜分成两层,子细胞各自形成完整细胞壁,最后分裂为两个独立的子细胞。

四、细菌的群体特征

1. 在固体培养基上的群体特征

(1) 相关概念

菌落:在固体培养基上,细菌以一个或几个细胞为中心局限在一处大量繁殖,形成肉眼可见的具一定形态特征的细胞群体。

菌苔:多个菌落连成片。

克隆:由一个细胞繁殖而成的菌落,也称为纯培养。

表面菌落:在培养基表面形成的菌落。

埋藏菌落:在培养基内形成的菌落。

(2) 菌落的特征   描述菌落特征时须选择稀疏、孤立的菌落,其项目包括大小、形状、质地、颜色、气味、透明度、隆起形状、边缘情况、表面状态和菌落与培养基的结合情况等。

与其他微生物菌落相比较,多数细菌的菌落都具有以下特征:菌落小而薄,圆形,质地均匀,颜色多样,色泽一致,酸臭味、半透明、表面光滑、湿润、较黏稠,与培养基结合不紧密,容易挑起等。

当然,不同形态、生理类型的细菌,在其菌落形态、构造等方面也有许多明显反应,产鞭毛、荚膜和芽孢的种类尤为明显。例如,无鞭毛、不能运动的细菌尤其是球菌,常常形成较小、较厚、边缘圆整的半球状菌落;长有鞭毛、运动能力较强的细菌一般形成大而平坦、边缘多缺刻、形状不规则的菌落;有糖被的细菌,往往会形成光滑、透明、较大的蛋清状菌落;有芽孢的细菌会形成外观粗糙、"干燥"、不透明且表面多褶的菌落。不同细菌菌落、菌苔的形态如图 1-6 所示。

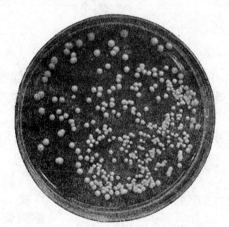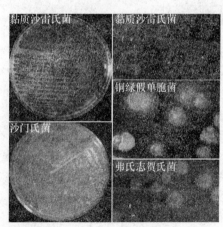

图 1-6   菌落、菌苔形态

菌落的形态特征除了与菌种有关,还受培养条件的影响。所以,在用菌落形态特征对菌种进行分类鉴定时,还要考虑培养条件的因素。除此之外,菌落还可用于微生物的分离、纯化、鉴定、计数、选种、育种等工作。

2. 在半固体培养基上的群体特征

在半固体琼脂培养基上进行细菌穿刺培养时,可根据培养后穿刺线上细菌群体的生长状态来判断细菌的运动特征。不能运动的细菌,只能沿穿刺方向生长;而能运动的细菌会向四周扩散生长,各种细菌的运动能力不同,扩散的形状也不一样。

若在明胶半固体培养基上做穿刺培养,可根据培养基的溶解特征来判断细菌的明胶水解酶(即蛋白酶)产生情况。溶解区的形状也因菌种不同而异。

3.在液体培养基中的群体特征

细菌在液体培养基中培养时,会因其细胞特征、比重、运动能力和需氧状况等不同,形成不同的群体形态:有的形成浑浊,有的形成沉淀,有的形成菌膜,有的有气泡,有的有颜色等不同特征。

任务二　细菌的简单染色

◎ 任务目标

能对细菌进行简单染色;巩固显微镜(油镜)的操作技术;客观准确的描述细菌的形态特征。

◎ 实施条件

(1)菌种　大肠杆菌、金黄色葡萄球菌。

(2)染色液　吕氏碱性美蓝染液或齐氏石炭酸复红染液。

(3)仪器和材料　显微镜、载玻片、接种环、酒精灯、吸水纸、双层瓶(内装香柏油和二甲苯)、废液缸、玻片架、擦镜纸、生理盐水(或蒸馏水)。

◎ 操作步骤

1.涂片

取干净的载玻片1片,滴一滴生理盐水于载玻片中央,用接种环以无菌操作从菌种斜面挑取少许细菌培养物,与载玻片上的生理盐水均匀混合,涂成一薄层菌膜,菌膜直径1 cm左右。若用菌悬液(或液体培养物)涂片,可用接种环挑取2~3环直接涂片。

温馨提示:载玻片要洁净无脂,否则涂菌不均匀;滴生理盐水要少,否则不易干燥;取菌不宜过多,水滴微浊即可,否则菌体过密,不易观察。

2.干燥

室温自然干燥,或菌面朝上,利用酒精灯火焰上方略加热干燥,也可用电吹风干燥。

3.固定

涂菌面朝上,用拇指和食指捏住载玻片一端,迅速通过火焰3次。

想一想:为什么要对菌涂片进行固定?

目的:一是使细胞质凝固,固定细胞形态,使细胞牢固附着在载玻片上;二是增强菌体对染料的亲和力。

温馨提示:热固定温度不宜过高(以载玻片背面不烫手为宜),否则会破坏细胞形态。

4.染色

将涂片平置于载玻片架上,滴加染液覆盖涂菌部位即可,吕氏碱性美蓝染液1~2 min或齐氏石炭酸复红染液1 min。

温馨提示:染色过程中不要使染色液干涸。

5. 水洗

倾去染液,用自来水由载玻片上端冲洗,直至涂片上留下的水无色为止。

温馨提示:不要直接冲洗涂面;水流不宜过大过急,以免破坏菌膜。

6. 干燥

甩去载玻片上的水珠,自然干燥或用电吹风吹干,也可用吸水纸吸干。

温馨提示:在使用吸水纸时,切忌擦干,以免擦掉菌膜。

7. 镜检

待涂片完全干燥后,按低倍镜→高倍镜→油镜顺序观察,并进行绘图记录。

实验结束后,要及时用擦镜纸抹去油镜上的香柏油;有菌涂片置于消毒液中浸泡,然后用洗衣粉水煮沸,再用自来水清洗并沥水。

◎ 结果分析

(1)将观察结果记录于下表中。

菌种	使用染料	菌体颜色	菌体形态图
大肠杆菌			
金黄色葡萄球菌			

(2)大肠杆菌和金黄色葡萄球菌被美蓝或复红染成蓝色或红色。如果菌体未着色,可能是染色时间不够;如果菌体着色浓重或视野下大部分都是染色剂,说明染色时间过长或冲洗不彻底。

◎ 问题与思考

(1)涂片时为什么一定要无菌操作?

(2)染色之前为什么要固定?固定时应注意什么?

(3)为什么要在涂片完全干燥后才可用油镜观察?

任务三 细菌的革兰氏染色

◎ 任务目标

能对细菌进行革兰氏染色,并判断出未知细菌的革兰氏染色结果。

◎ 实施条件

(1)菌种 大肠杆菌、金黄色葡萄球菌、未知细菌。

(2)染色液 草酸铵结晶紫染液、卢戈氏碘液、95%乙醇、石炭酸复红。

(3)仪器和材料 显微镜、载玻片、接种环、酒精灯、吸水纸、双层瓶(内装香柏油和二甲苯)、废液缸、玻片架、擦镜纸、无菌水。

◉ **操作步骤**

1. 制片

取干净的载玻片 3 片,分别用记号笔在载玻片的左、右两端标注菌种名称(大肠杆菌和金黄色葡萄球菌、大肠杆菌和未知细菌、金黄色葡萄球菌和未知细菌),并在载玻片两端各滴一小滴无菌水,以无菌操作方法制备细菌涂片,干燥与固定方法同简单染色法。

想一想:还有没有其他的涂片方法呢?

混合涂片法:分别挑取少量的 2 种菌,混合涂在一张载玻片上,注意 2 次取菌间要彻底灼烧接种环,干燥与固定方法同上。

温馨提示:革兰氏染色一定要选择活跃生长期的适龄菌,一般选用培养 18~24 h 的菌种,如果菌种过老,菌体自溶或死亡,会使阳性菌被染成阴性菌。

2. 染色

(1)初染 将 3 个涂片平置于玻片架上,滴加结晶紫染液,染色 1 min,倾去染液,水洗,甩净载玻片上的水。

(2)媒染 滴加卢戈氏碘液,染色 1 min,水洗。

(3)脱色 用吸水纸吸去残留在载玻片上的水,将载玻片倾斜,用 95% 乙醇脱色 20~30 s 至流出液无色,立即水洗。

温馨提示:脱色时间是革兰氏染色的关键环节。脱色时间要根据涂片的薄厚而定,如果脱色过度,阳性菌可被误认为是阴性菌;而脱色不足,阴性菌又会被误认为是阳性菌。

(4)复染 滴加复红,染色 1 min,水洗,吸水纸吸干。

3. 镜检

按低倍镜、高倍镜、油镜依次观察,以分散存在的细胞染色反应为准,过于密集的细胞常呈假阳性。

实验结束后,整理显微镜;对有菌涂片进行消毒处理,方法同简单染色。

◉ **结果分析**

(1)将观察结果记录于下表中。

菌种	菌体颜色	菌体形态	结果(G^+ 或 G^-)
大肠杆菌			
金黄色葡萄球菌			
未知细菌			

(2)大肠杆菌是革兰氏阴性菌(G^-)被染成淡红色;金黄色葡萄球菌是革兰氏阳性菌(G^+)被染成蓝紫色;未知菌体如为蓝紫色则是 G^+,如为淡红色则是 G^-。

◉ **问题与思考**

(1)涂片不匀或过厚会有什么样的观察结果?

(2)革兰氏染色的关键步骤是哪一步? 为什么?

(3)你认为革兰氏染色法中哪个步骤可以省略？在什么情况下可以省略？

拓展任务一 细菌的芽孢染色

◉ 任务目标

能对枯草芽孢杆菌进行芽孢染色,并能客观准确地描述芽孢在细菌中的位置和形态。

◉ 实施条件

(1)菌种 枯草芽孢杆菌斜面菌种。

(2)染色液 5%孔雀绿染色液、0.5%番红染色液。

(3)仪器和材料 显微镜、载玻片、接种环、酒精灯、吸水纸、双层瓶(内装香柏油和二甲苯)、废液缸、玻片架、擦镜纸、无菌水。

◉ 操作步骤

(1)制片 取37℃下,培养18～24 h的枯草芽孢杆菌,按常规涂片、干燥、固定。

(2)染色 用木夹夹住载玻片一端,在载玻片上滴3～5滴5%孔雀绿染色液,在火焰上用微火加热,自染料上出现蒸汽开始计时4～5 min。

温馨提示:加热过程中不要使染液蒸干,可随时补充少许染液。

(3)水洗 待玻片冷却后,用自来水缓慢冲洗至无色为止。

(4)复染 用0.5%番红染色液染色2 min,水洗,吸干。

(5)镜检 按低倍镜、高倍镜、油镜依次观察。

实验结束后,整理显微镜;对有菌涂片进行消毒处理,方法同简单染色。

拓展任务二 细菌的荚膜染色(湿墨水法)

◉ 任务目标

能对胶质芽孢杆菌进行荚膜染色,并能客观准确地描述荚膜形态。

◉ 实施条件

(1)菌种 胶质芽孢杆菌斜面菌种。

(2)染色液 用滤纸过滤后的绘图墨水。

(3)仪器和材料 显微镜、载玻片、盖玻片、接种环、酒精灯、吸水纸、双层瓶(内装香柏油和二甲苯)、废液缸、玻片架、擦镜纸、无菌水。

◉ 操作步骤

(1)制菌液 在干净的载玻片上滴加一滴墨水,以无菌操作,取培养3～5 d的少量菌体与墨水充分混匀。

（2）加盖片　将一洁净盖玻片一边先接触菌液，后轻轻放下（以不产生气泡为宜），然后再盖玻片上放一张滤纸，轻轻按压吸取多余菌液。

（3）镜检　按低倍镜、高倍镜、油镜依次观察。

实验结束后，整理显微镜；对有菌涂片进行消毒处理，方法同简单染色。

◆◆　项目三　放线菌形态结构的观察　◆◆

知识目标　通过对放线菌的形态、结构和繁殖方式等内容的学习，更好地认识放线菌，为以后放线菌的鉴别应用奠定基础。

能力目标　学会放线菌的形态观察方法。

◉ 必备知识

放线菌是一类主要呈分枝状生长的、以孢子繁殖为主的、陆生性较强的革兰氏阳性单细胞原核微生物。因其菌落呈放线状，故称放线菌。

一、放线菌的形态结构

放线菌的种类繁多、形态多样，现以放线菌中的典型代表属——链霉菌属为例来阐述其形态特征。

放线菌的菌丝直径 1 μm 左右（与细菌相似），菌丝由于形态和功能不同，可以分为基内菌丝、气生菌丝和孢子丝（图 1-7）。

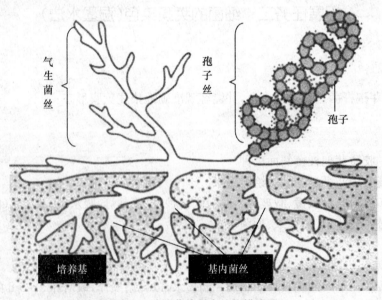

图 1-7　放线菌的形态结构模式图

(1)基内菌丝 生长在培养基内部或表面的菌丝,又称为基质菌丝、营养菌丝或初级菌丝。基内菌丝较细(直径 0.2～0.8 μm)、无色或颜色较淡,可产生水溶性或脂溶性色素,如是水溶性色素,可在培养基内扩散。基内菌丝具有吸收营养物质和排泄代谢产物的功能。

(2)气生菌丝 基内菌丝发育到一定阶段,不断伸向空间分化的菌丝,又称二级菌丝。气生菌丝较粗(直径 1.0～1.4 μm),直或弯曲,颜色较深,有的产生色素。气生菌丝具有传递营养的功能。

(3)孢子丝 气生菌丝发育到一定阶段分化出可形成孢子的菌丝,又称产孢丝或繁殖菌丝。其形状和排列方式因种而异,是放线菌进行分类鉴别的重要依据。孢子丝具有繁殖后代的功能。

孢子丝生长到一定的阶段即产生成串的分生孢子。孢子的形状为球形、卵圆形、杆形、瓜子形等。孢子表面有的光滑,有的带小疣、带刺或毛发状。孢子的形状、颜色等特征也是放线菌分类鉴定的重要依据。

二、放线菌的繁殖

1.生长史

孢子在适宜的条件下萌发,长出 1～4 根芽管,然后繁殖过程为:芽管 → 营养菌丝 → 繁殖菌丝 → 气生菌丝(孢子丝)→ 孢子丝释放孢子。

2.繁殖方式

放线菌主要以形成无性孢子的方式进行繁殖,无性孢子主要有分生孢子和孢囊孢子;也可以通过菌丝断裂片段繁殖,常见于液体培养中,如工业发酵生产抗生素时都以此方式大量繁殖。

三、放线菌的群体特征

1.在固体培养基上的群体特征

放线菌(图 1-8)在固体培养基上形成的菌落一般为圆形或近圆形,表面光滑或有皱褶,毛状、绒状或粉状,干燥、不透明。菌落颜色多样,正面呈气生菌丝和孢子颜色,背面呈基内菌丝或所产生色素的颜色。菌落边缘的琼脂平面有变形的现象,有泥腥味。放线菌的菌落因种类不同可分为 2 类。

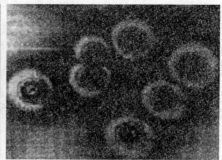

图 1-8 放线菌菌落照片

（1）由产生大量基内菌丝和气生菌丝的菌种形成的紧实菌落　如链霉菌属，其菌丝较细，相互交错缠绕，形成的菌落质地致密，表面呈紧密的绒状或坚实、干燥、多皱、不透明，菌落较小而不延伸；其基内菌丝深入基质内，菌落与培养基结合较紧密，不易挑起；菌落表面起初光滑或如发状缠结，产生孢子后，则呈粉状、颗粒状或绒状，气生菌丝有时呈同心环状。

（2）由不产生气生菌丝或很少产生气生菌丝的的菌种形成的松散菌落　如诺卡氏菌属，其菌落结构松散，黏着力差，菌落呈粉质状，用针挑取易破碎。

2. 在液体培养基中的群体特征

对放线菌进行摇瓶培养时，常会看见在液面与瓶壁交界处黏附着一圈菌苔，培养液清澈而不混浊，其中悬浮着许多珠状菌丝团，一些大型的菌丝团则沉淀在瓶底等现象。

任务四　放线菌的形态观察

◎ 任务目标

学会放线菌形态观察的方法，能准确地辨认和描述放线菌的基内菌丝、气生菌丝、孢子丝和孢子的形态特征。

◎ 实施条件

（1）菌种　细黄链霉菌 5406、棘孢小单胞菌。

（2）染色液　齐氏石炭酸复红染液。

（3）培养基　高氏 Ⅰ 号琼脂培养基。

（4）仪器和材料　显微镜、培养皿、载玻片、盖玻片、镊子、小刀、剪刀、接种环、涂布器、酒精灯、滤纸、玻璃纸等。

◎ 操作步骤

（一）印片法

1. 倒平板

将融化后冷却至 50℃的高氏 Ⅰ 号琼脂培养基倒平板，平板宜厚些，4～5 mm（每皿约 20 mL），冷凝待用。

2. 接种培养

将被试菌种用常规划线法接种于高氏 Ⅰ 号平板培养基上，28℃培养 4～7 d，得到放线菌培养物，作为制片观察材料。

3. 印片

取干净载玻片一块，用小刀切取放线菌培养体一小块（带培养基切下），放在载玻片上，菌面朝上，用另一块载玻片对准菌块的气生菌丝轻轻按压，使孢子丝和孢子印在后一载玻片上，然后将载玻片垂直拿起。

温馨提示：不要使培养体在载玻片上滑动，否则会打乱孢子的自然形态。

4. 固定

将放线菌涂面朝上，通过酒精火焰 2～3 次加热固定。

5.染色

用齐氏石炭酸复红染液染色 1 min,水洗后晾干。

6.镜检

按低倍镜、高倍镜、油镜依次观察孢子丝、孢子的形态及排列情况。

(二)插片法

1.倒平板

同上。

2.插片

用无菌镊子将无菌盖玻片以 45°倾角插入培养基内,深度约为盖玻片的 1/2。

3.接种

用无菌接种环挑取少量孢子,沿盖玻片与培养基交界处接种,且仅接种于其中央约占盖玻片宽度 1/2,以免菌丝蔓延到盖玻片的另一侧。

4.培养

倒置于 28℃的恒温培养箱中,培养 3～7 d。

5.镜检

用镊子小心取出载玻片,并将背面菌丝擦净,然后将有菌丝一面朝上放在洁净的载玻片上,按低倍镜、高倍镜、油镜依次观察。也可作染色观察,效果更好。

(三)玻璃纸法

1.玻璃纸灭菌

将玻璃纸剪成比培养皿略小的片状,将滤纸建成培养皿大小的圆形并稍湿润,然后把滤纸和玻璃纸交互重叠地放在培养皿中,借滤纸将玻璃纸隔开。然后进行湿热灭菌,也可以 155～160℃干热灭菌 2 h,备用。

2.倒平板

同上。

3.铺玻璃纸

用无菌镊子将无菌玻璃纸平铺至平板培养基表面,用无菌涂布器将玻璃纸与培养基之间的气泡除去。

盖玻片以 45°倾角插入培养基内,深度约为盖玻片的 1/2。

4.接种

取 0.1 mL 的放线菌孢子悬液,涂布在玻璃纸表面。

5.培养

倒置于 28℃的恒温培养箱中,培养 5～7 d。

6.镜检

在载玻片上滴一小滴蒸馏水,将含菌玻璃纸剪下一小块,菌面朝上放在载玻片的水滴上,使玻璃纸平铺在载玻片上(中间不要有气泡),显微镜观察。

◉ **结果分析**

(1)将观察结果记录于下表中。

菌种	培养法	图示菌丝形态
细黄链霉菌 5 406	印片法	
	插片法	
	玻璃纸法	
棘孢小单胞菌	印片法	
	插片法	
	玻璃纸法	

(2)细黄链霉菌　孢子丝和气生菌丝颜色稍深,直径 1～1.3 μm,孢子丝直、柔曲,孢子卵圆形。基内菌丝颜色浅,较细,直径 0.5～0.8 μm。菌落无色、微黄色、浅棕色或秸草色,色素不渗透。气生菌丝粉红色、粉白色。棘孢小单胞菌没有气生菌丝和孢子丝,菌丝短侧枝上产生单个分生孢子,孢子上有突起。

◉ **问题与思考**

(1)在高倍镜或油镜下,如何区分放线菌的基内菌丝和气生菌丝?
(2)为什么在培养基上放了玻璃纸后放线菌仍能生长?
(3)试比较 3 种方法的优缺点?

 项目四　酵母菌形态结构的观察

> 知识目标　通过对酵母菌的形态、结构和繁殖方式等内容的学习,来达到更好地认识酵母菌的目的,为以后酵母菌的鉴别应用奠定基础。
>
> 能力目标　学会酵母菌的活体染色和假菌丝观察的基本技术,初步掌握酵母菌形态鉴别的方法。

◉ **必备知识**

酵母菌一般泛指能发酵糖类的各种单细胞真菌,不是分类学上的名称。多分布在含糖的偏酸性环境,也称为"糖菌"。如水果、蔬菜、蜜饯的表面和果园土壤中等。

一、酵母菌的形态构造

1. 形态和大小（图 1-9）

酵母菌的形态通常用为球形、卵圆形、梨形、圆柱形或香肠形或菌丝状等。

酵母菌的细胞直径约为细菌的 10 倍，一般为 2～5 μm，长度为 5～30 μm，因此在光学显微镜下可以模糊地看到它们细胞内的各种结构分化。此外，其大小还受生活环境、培养条件和培养时间长短的影响。

2. 细胞结构（图 1-10）

（1）细胞壁（图 1-11）　酵母菌细胞壁厚约 25 nm，重量占细胞干重的 25%，具有 3 层结构——外层为甘露聚糖，内层为葡聚糖，都是复杂的分枝状聚合物，期间夹有一层蛋白质分子。位于细胞壁内层的葡聚糖是维持细胞壁强度的主要物质。

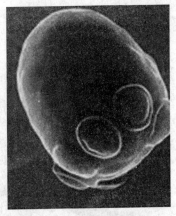

图 1-9　酵母菌电镜照片

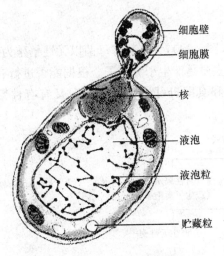

图中标注：细胞壁、细胞膜、核、液泡、液泡粒、贮藏粒

图 1-10　酵母菌形态结构模式图

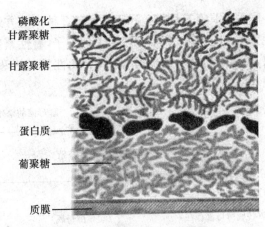

图中标注：磷酸化甘露聚糖、甘露聚糖、蛋白质、葡聚糖、质膜

图 1-11　酵母菌细胞壁模式图

（2）细胞膜（图 1-12）　酵母菌的细胞膜也是由 3 层结构组成的，主要成分为蛋白质、类脂和少量糖类。

由于酵母菌细胞膜上含有丰富的维生素 D 前体——麦角甾醇，它经紫外线照射能转化成维生素 D_2，故可作为维生素 D 的重要来源。

（3）细胞质　细胞质有线粒体（能量代谢的中心）、中心体、核糖体、内质网膜、液泡等细胞器。其中，液泡是单层膜包裹的细胞器，它含有机酸、盐类水溶液和水解酶类，具有调节渗透压，与细胞质进行物质交换以及储藏物质的功能，同时也是细胞成熟的标志。

（4）细胞核（图 1-13）　酵母菌细胞核是有双层膜结构的细胞器（核膜包裹，轮廓分明），细胞核有核仁和核膜，DNA 与蛋白质结合形成染色体。

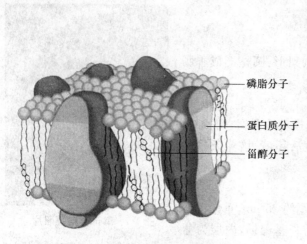

图 1-12　酵母菌细胞膜模式图

磷脂分子
蛋白质分子
甾醇分子

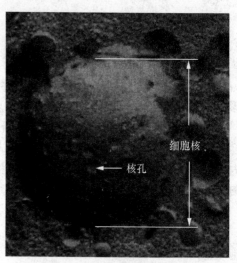

图 1-13　酵母菌细胞核电镜照片

细胞核
核孔

二、酵母菌的繁殖

酵母菌具有有性繁殖和无性繁殖 2 种繁殖方式(图 1-14),大多数酵母菌以无性繁殖为主。无性繁殖包括芽殖、裂殖和产生无性孢子,有性繁殖主要是产生子囊孢子。根据能否进行有性繁殖,可将酵母菌分为假酵母(只有无性繁殖过程)和真酵母(既有无性繁殖,又有有性繁殖过程)。

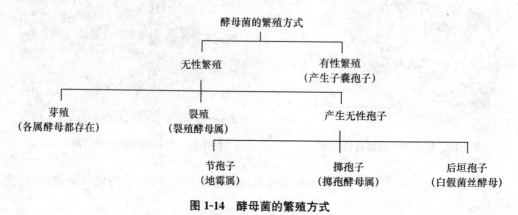

图 1-14　酵母菌的繁殖方式

1. 无性繁殖

(1)芽殖　芽殖是酵母菌最常见的繁殖方式。在良好的营养和生长条件下,酵母菌生长迅速,几乎所有的细胞上都长有芽体,而且芽体上还可以形成新芽体,于是就形成了假菌丝(图 1-15)。

根据出芽位置不同,出芽方式可分为单边出芽、两端出芽、三边出芽和多边出芽。

芽殖的过程大体可以分为:母细胞形成小突起、核裂、原生质分配、新膜形成、形成新细胞壁。成熟后两者分开,在母细胞的细胞壁上出芽并与子细胞分开的位点称出芽痕。子细胞细胞壁上的位点称诞生痕。酵母菌出芽电镜照片见图 1-16。

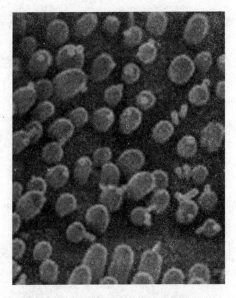

图 1-15 酵母菌出芽电镜照片

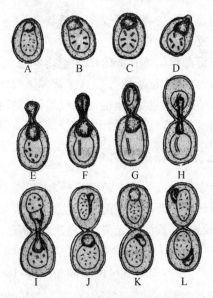

图 1-16 酵母菌出芽生殖示意图

有的酵母菌进行芽殖后,长大的子细胞不与母细胞立即分离,并继续出芽,细胞成串排列,这种菌丝状的细胞串就称为假菌丝(图 1-17)。假菌丝的各细胞间仅以狭小的面积相连,呈藕节状。

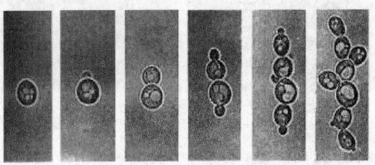

图 1-17 酵母菌假菌丝的形成

(2)裂殖　酵母菌的裂殖是借细胞横分裂法繁殖,与细菌类似,进行裂殖的酵母菌种类较少。如裂殖酵母属的八孢裂殖酵母。

(3)产生无性孢子　少数酵母菌可以产生无性孢子。如地霉属可产生节孢子,掷孢酵母属产生掷孢子,有的酵母菌能在假菌丝的顶端产生厚垣孢子。

2. 有性繁殖

酵母菌以形成子囊和子囊孢子的形式进行有性繁殖:其繁殖过程为:①相邻近的两个性别不同的单倍体细胞各伸出一根管状突起,相互接触。②接触处细胞壁消失、融合并形成一个通道细胞质结合(质配)。③两个核在此通道内结合,形成二倍体核的接合子(核配)。有些接合子以二倍体方式进行营养细胞生长繁殖,独立生活,下次有性繁殖前进行减数分裂;有些接合子随即进行减数分裂,形成 4 个或 8 个子囊孢子,而原有的营养细胞就成为子囊。子囊孢子萌发形成单倍体营养细胞。

酵母菌的子囊和子囊孢子形状,因菌种不同而异,是酵母菌分类鉴定的重要依据之一。

3. 生活史

酵母菌单倍体和双倍体细胞均可独立存在,有3种类型:①营养体只能以单倍体形式存在(核配后立即进行减数分裂);②营养体只能以双倍体形式存在(核配后不立即进行减数分裂);③营养体既可以单倍体也可以双倍体形式存在,都可进行出芽繁殖。

假酵母:酵母菌中尚未发现其有性阶段的被称为假酵母。

三、酵母菌的群体特征

1. 在固体培养基上的群体特征(图1-18)

酵母菌的菌落与细菌的相仿,但比细菌菌落要大而厚,外观较稠,较不透明。一般呈现较湿润、较透明,表面较光滑,容易挑起,菌落质地均匀,正面与反面以及边缘与中央部位的颜色较一致等特点。酵母菌菌落颜色比较单调,多以乳白色或矿烛色为主,只有少数为红色,个别为黑色。另外,由于酵母菌的酒精发酵,菌落常有一股酒香味。

 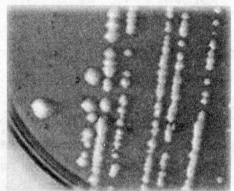

红酵母

图1-18 酵母菌菌落、菌苔

2. 在液体培养基中的群体特征

酵母菌在液体培养基中的生长情况也不相同,有的在液体中均匀生长,有的在底部生长并产生沉淀,有的在表面生长形成菌膜,菌膜的表面状况及厚薄也不相同。以上特征对分类具有意义。

四、酵母菌的主要类群

1. 酵母菌属

无性繁殖有芽殖(如啤酒酵母)和裂殖(如八孢裂殖酵母);有性繁殖产生子囊孢子。有些酵母菌从来不形成子囊孢子,如红酵母属。

酵母菌分布于各种水果的表皮、发酵的果汁、土壤和酒曲中。除用于酿酒外,酵母菌还可产生维生素、蛋白质、核酸、辅酶A、ATP等,具有广泛的工业用途。

2. 内孢霉属和拟内孢霉属

内孢霉形成菌丝,在菌丝的顶端产生节孢子,节孢子脱离母体,成为单独的酵母状细胞,以裂殖法进行无性繁殖。拟内孢霉也形成菌丝,在菌丝两侧产生酵母状孢子,酵母状孢子脱离菌丝,成单独的酵母状细胞,然后以裂殖法进行繁殖。两者有性繁殖产生子囊孢子,有些种可用于生产脂肪和蛋白质。

3. 地霉属和假丝酵母属

地霉属可看作是内孢霉失去有性过程而形成的种类,菌丝顶端形成节孢子,节孢子脱离菌丝而形成单独生活的酵母状细胞。假丝酵母属可看作是拟内孢霉失去有性过程而形成的种类,假丝酵母能形成大量菌丝,在菌丝两侧产生酵母状孢子,酵母状孢子脱离菌丝,成为单独生活的酵母状细胞,以出芽的方式进行无性繁殖。由于它们失去了有性生殖,因而将其归入半知菌类。它们中的某些种,如产朊假丝酵母可用于制造食用酵母;有些种如解脂假丝酵母用于石油脱蜡(除去正烷烃)。

任务五　酵母菌的活体染色

◉ 任务目标

能对酿酒酵母进行活体染色,并能客观准确地描述及绘制酿酒酵母的形态结构及出芽生殖方式,能区分出死亡细胞与活细胞。

◉ 实施条件

(1)菌种　酿酒酵母 PDA 斜面菌种。

(2)染色液　0.05%美蓝染色液。

(3)仪器和材料　显微镜、载玻片、盖玻片、接种环、酒精灯、吸水纸、废液缸、玻片架、擦镜纸、无菌水等。

◉ 操作步骤

1. 菌悬液制备

按无菌操作方法,以无菌水洗下培养 2~3 d 酿酒酵母菌苔制成菌悬液。

2. 染色

取洁净载玻片 1 张,在载玻片中央滴加 1 滴 0.05%美蓝染色液,用接种环取基本等量的酵母菌悬液与染色液混匀,染色 2~3 min。

知识链接:美蓝是无毒染料,它的氧化型是蓝色,还原型是无色。新陈代谢旺盛的细胞还原力强,能使美蓝从蓝色的氧化型还原为无色的还原型;而死亡细胞无此还原力,故被染成蓝色。

3. 盖盖玻片

取盖玻片一块,先轻轻地将盖玻片的一边与液滴接触,然后将整个盖玻片慢慢放下,并用吸水纸吸去多余的水分。

温馨提示:盖盖玻片时,不要将盖玻片平放下去,否则,菌液会出现气泡而影响观察。

4. 镜检

先用低倍镜观察,再换高倍镜观察酵母菌的形态和出芽情况,同时根据是否染色来区分死亡细胞和活细胞。

温馨提示:勿使染色液浓度过大或染色时间过长,否则活细胞也会被染色,不能正确反映原培养物的真实情况。

5. 比较

染色 30 min 后再次观察,注意死亡细胞与活细胞比例的变化。

◎ 结果分析

(1)将观察结果记录于下表中。

染色时间/min	活菌颜色	死菌颜色	衰亡期菌体颜色	死菌数量	绘制菌体形态(注明菌名和放大倍数)	
					未出芽的酵母菌	正在出芽的酵母菌
3						
30						

(2)对新培养的酿酒酵母进行美蓝活体染色结果:大部分细胞是不被着色的代谢旺盛的活细胞,少数是被染成蓝色的死亡细胞和被染成淡蓝色的衰老细胞。

◎ 问题与思考

(1)用美蓝染色法对酵母菌细胞进行死活鉴别时为什么要控制染液的浓度和染色时间?试分析其原因。

(2)酵母菌细胞和细菌细胞在大小、形态、结构上有何区别?

任务六 酵母菌子囊孢子的观察

◎ 任务目标

能对酿酒酵母进行子囊孢子的培养,并能客观准确地描述及绘制酿酒酵母子囊孢子的形态结构。

◎ 实施条件

(1)菌种 酿酒酵母 PDA 斜面菌种。

(2)培养基及染色液 麦芽汁培养基、麦氏培养基(醋酸钠培养基)、5%孔雀绿染色液,95%乙醇、0.5%番红染色液。

(3)仪器和材料 培养箱、超净工作台、高压蒸汽灭菌器、显微镜、载玻片、盖玻片、接种环、酒精灯、吸水纸、废液缸、玻片架、擦镜纸、无菌水等。

◎ 操作步骤

1. 菌种活化

将酿酒酵母移接至新鲜的麦芽汁斜面培养基上,置 28℃培养 2~3 d,然后再转接 2~3 次。

温馨提示:用于活化的麦芽汁斜面培养基要新鲜、表面湿润。

2. 产孢培养

将经活化的菌种转接到麦氏琼脂斜面上，置 28℃培养约 14 d。

温馨提示：在产孢培养基上加大接种量，可提高子囊形成率。

3. 染色

(1)制片 取经产孢培养的酵母菌斜面培养物，在洁净的载玻片上按常规涂片、干燥、固定。

(2)初染 滴加数滴 5% 孔雀绿染色液，1～1.5 min 后水洗。

(3)脱色 用 95% 乙醇脱色 30 s，水洗。

(4)复染 最后用 0.5% 番红染色液复染 0.5～1 min，水洗，用吸水纸吸干。

4. 镜检

将染色片置于显微镜的载物台上，先用低倍镜，后用高倍镜观察子囊孢子的数目、形状，并进行记录。

5. 计算子囊孢子形成率

随机取 3 个视野，分别计数产子囊孢子的子囊数、不产子囊孢子的细胞数。子囊孢子形成率计算公式：

$$子囊形成率=\frac{3个视野中形成子囊的总数}{3个视野中形成子囊的总数+3个视野中不产孢子的细胞总数}\times100\%$$

◉ **结果分析**

(1)将观察结果记录于下表中。

菌种	子囊孢子颜色	菌体和子囊颜色	绘制菌体形态	
			酵母菌子囊孢子	酵母菌菌体或子囊
酿酒酵母				

(2)对经产孢培养的酿酒酵母进行子囊孢子观察结果：酵母菌子囊孢子呈蓝绿色，菌体和子囊呈粉红色。

(3)计算酵母菌子囊孢子形成率，并记录于下表中。

项目	视野1	视野2	视野3	小计	孢子形成率/%
形成子囊孢子数					
未形成子囊孢子数					
合计					

◉ **问题与思考**

(1)如何区别酵母菌的营养细胞和释放出子囊外的子囊孢子？

(2)试分析子囊和子囊孢子分别被染成不同颜色的原因。

◆◆◆ 项目五　霉菌形态结构的观察 ◆◆◆

知识目标　通过对霉菌的形态、结构和繁殖方式等内容的学习,来达到更好地认识霉菌的目的,为以后霉菌的鉴别应用奠定基础。

能力目标　学会霉菌形态观察的基本技术,初步掌握霉菌形态鉴别的方法。

◎ 必备知识

　　霉菌(图 1-19)在自然界分布极广,它们存在于土壤、空气、水体和生物体内外等处,与人类关系极为密切。它们不仅能引起食物、工农业制品的霉变,引发动植物疾病,也能造福人类。例如:在工业生产上,酒精、抗生素(青霉素、灰黄霉素)、有机酸(柠檬酸、葡萄糖酸、延胡索酸等)、酶制剂(淀粉酶、果胶酶、纤维素酶等)、维生素、甾体激素等;在食品酿造上,酿酒、制酱及酱油等;在农业上,饲料发酵、植物生长雌激素、微生物杀虫剂(白僵菌剂)等。此外,霉菌还能将其他生物难以分解利用的数量巨大的复杂有机物如纤维素和木质素等彻底分解转化,成为绿色植物可以重新利用的养料,促进了整个地球上生物圈的繁荣发展。

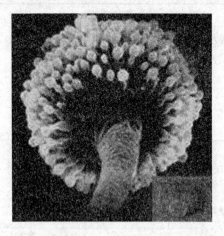
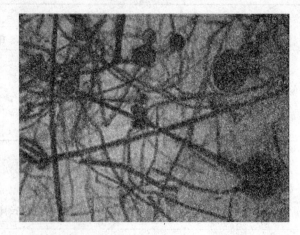

图 1-19　霉菌显微照片

一、霉菌的形态与大小

　　霉菌的菌体由分枝或不分枝的菌丝构成。菌丝是由孢子萌发生长而成,是霉菌营养体的基本单位。菌丝是中空管状结构,直径一般 $2 \sim 10~\mu m$,比一般细菌和放线菌菌丝大几到几十倍。许多菌丝分枝连接,相互交织在一起所构成的形态称菌丝体。

　　根据霉菌的菌丝是否有隔膜,将其分为无隔菌丝和有隔菌丝(图 1-20)。无隔菌丝,整个菌丝为长管状单细胞,细胞质内含有多个核,其生长过程只表现为菌丝的延长和细胞核的裂殖增多以及细胞质的增加,是低等真菌所具有的菌丝类型,如毛霉、根霉、犁头霉等。有隔膜菌丝,菌丝由横隔膜分隔成成串多细胞,每个细胞内含有一个或多个细胞核;有些菌丝,从外观看虽然像多细胞,但横隔膜上有小孔,使细胞质和细胞核可以自由流通,而且每个细胞的功能也都相同,是高等真菌所具有的类型,如青霉菌、曲霉菌、白地霉等。

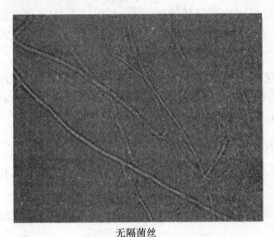

无隔菌丝　　　　　　　　　　　　　　　有隔菌丝

图1-20　霉菌的无隔菌丝和有隔菌丝

根据霉菌生理功能的分化程度,可将其分为营养菌丝、气生菌丝和繁殖菌丝。营养菌丝是伸入培养基或寄主的组织内生长,以吸收营养为主的菌丝;气生菌丝是伸向空气生长的菌丝;繁殖菌丝是部分气生菌丝发育到一定生长阶段,产生孢子而形成的菌丝。

知识链接

菌丝的变态:营养菌丝和气生菌丝对于不同的真菌来说,在它们的长期进化过程中,对于相应的环境条件已有了高度的适应性,并明显地表现在产生各种形态和功能不同的特化结构上,也称菌丝的变态。

(1)菌环　菌丝交织成套状。

(2)菌网　菌丝交织成网状。如捕虫菌目在长期的自然进化中形成的特化结构,特化菌丝构成巧妙的网,可以捕捉小型原生动物或无脊椎动物,捕获物死后,菌丝伸入体内吸收营养。

(3)附枝　匍匐菌丝、假根(类似树根,吸收营养),功能是固着和吸收营养。

(4)附着枝　若干寄生真菌由菌丝细胞生出1~2个细胞的短枝,以将菌丝附着于宿主上,这种特殊的结构即附着枝。

(5)吸器　一些专性寄生真菌从菌丝上分化出来的旁枝,侵入细胞内分化成指状、球状或丝状,用以吸收细胞内的营养。

(6)附着胞　许多植物寄生真菌在其芽管或老菌丝顶端发生膨大,并分泌黏性物,借以牢固地黏附在宿主的表面,这一结构就是附着胞,附着胞上再形成纤细的针状感染菌丝,以侵入宿主的角质层而吸取营养。当感染植物的时候,这种附着胞牢牢地附着到宿主的叶片表面,并且通过提高附着胞内渗透压活性物质的浓度产生巨大的膨压,射出一钉状结构进入植物细胞,为真菌的感染炸开一条通道。如真菌禾生刺盘孢的附着胞的压力为5.35 MPa;*M. grisea*附着胞的压力为 8.0 MPa,相当于我们用高压蒸汽灭菌压力 (0.1 MPa) 的 50～80 倍。

(7) 菌核　是一种休眠的菌丝组织,由菌丝密集地交织在一起,其外层教坚硬、色深,内层疏松,大多呈白色。

(8) 假菌核　是寄生性真菌与宿主共同形成的,例如冬虫夏草,真菌寄生于鳞翅目昆虫,使虫体转变为假菌核,当孢子萌发,虫体死亡,菌自虫体内生长出子实体,含有虫草酸,是名贵中药。

(9) 子座　菌丝交织成垫状、壳状等,在子座外或内可形成繁殖器官。

二、霉菌的繁殖

霉菌有着极强的繁殖能力,而且繁殖方式也是多种多样的。虽然霉菌菌丝体上任一片段在适宜条件下都能发展成新个体,但在自然界中,霉菌主要依靠产生形形色色的无性或有性孢子进行繁殖。孢子有点像植物的种子,不过数量特别多,特别小。

(一)霉菌的无性繁殖和无性孢子

霉菌的无性孢子直接由生殖菌丝的分化而形成,常见的有节孢子、厚垣孢子、孢囊孢子和分生孢子。

节孢子:菌丝生长到一定阶段时出现横隔膜,然后从隔膜处断裂而形成的细胞称为节孢子。如白地霉产生的节孢子。

厚垣孢子:某些霉菌种类在菌丝中间或顶端发生局部的细胞质浓缩和细胞壁加厚,最后形成一些厚壁的休眠孢子,称为厚垣孢子。如毛霉属中的总状毛霉。

孢囊孢子:在孢子囊内形成的孢子叫孢囊孢子。孢子囊是由菌丝顶端细胞膨大而成,膨大部分的下方形成隔膜与菌丝隔开,膨大细胞的原生质分化成许多小块,每小块可发育成一个孢子。孢囊孢子有 2 种类型:一种是生鞭毛,能游动的叫游动孢子,如鞭毛菌亚门中的绵霉属;另一种是不生鞭毛,不能游动的叫静孢子,如接合菌亚门中的根霉属。

分生孢子:是在生殖菌丝顶端或已分化的分生孢子梗上形成的孢子,分生孢子有单生、成链或成簇等排列方式,是子囊菌和半知菌亚门的霉菌产生的一类无性孢子。

(二)霉菌的有性繁殖和有性孢子

经过两性细胞结合而形成的孢子称为有性孢子。霉菌的有性繁殖过程一般分为 3 个阶段,即质配、核配和减数分裂。

质配是 2 个配偶细胞的原生质融合在同一细胞中,而 2 个细胞核并不结合,每个核的染色体数都是单倍的。

核配即 2 个核结合成 1 个双倍体的核。

减数分裂则使细胞核中的染色体数目又恢复到原来的单倍体。

有性孢子的产生不及无性孢子那么频繁和丰富,它们常常只在一些特殊的条件下产生。常见的有卵孢子、接合孢子、子囊孢子和担孢子,分别由鞭毛菌亚门、接合菌亚门、子囊菌亚门和担子菌亚门的霉菌所产生。

卵孢子:菌丝分化成形状不同的雄器和藏卵器,雄器与藏卵器结合后所形成的有性孢子叫卵孢子。

接合孢子:由菌丝分化成 2 个形状相同但性别不同的配子囊结合而形成的有性孢子叫接合孢子。

子囊孢子：菌丝分化成产囊器和雄器，两者结合形成子囊，在子囊内形成的有性孢子即为子囊孢子。

担孢子：菌丝经过特殊的分化和有性结合形成担子，在担子上形成的有性孢子即为担孢子。

霉菌的孢子具有小、轻、干、多以及形态色泽各异、休眠期长和抗逆性强等特点，每个个体所产生的孢子数经常是成千上万的，有时竟达几百亿、几千亿甚至更多。这些特点有助于霉菌在自然界中随处散播和繁殖。对人类的实践来说，孢子的这些特点有利于接种、扩大培养、菌种选育、保藏和鉴定等工作，对人类的不利之处则是易于造成污染、霉变和易于传播动植物的霉菌病害。

三、霉菌的群体特征

由于霉菌的菌丝较粗而长，因而霉菌的菌落较大，有的霉菌的菌丝蔓延，没有局限性，其菌落可扩展到整个培养皿，有的种则有一定的局限性，直径1～2 cm或更小。菌落质地一般比放线菌疏松，外观干燥，不透明，呈现或紧或松的蛛网状、绒毛状或棉絮状；菌落与培养基的连接紧密，不易挑取；菌落正反面的颜色和边缘与中心的颜色常不一致（图1-21）。

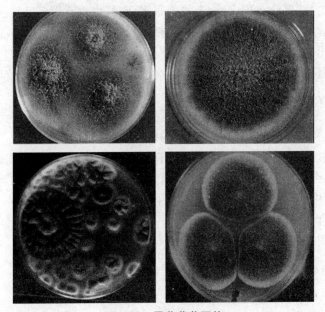

图1-21　霉菌菌落图片

◉ 拓展知识

1. 鞭毛菌亚门及其代表

（1）卵菌的特点　大都水生，菌丝无隔膜多核。无性繁殖所产生的孢囊孢子为游动孢子。游动孢子的一端或腰部形成1根或2根鞭毛。有性孢子是卵孢子，由藏卵器和雄器结合后发育而成。

（2）绵霉属（*Achlya orysae*）　在水塘和水稻田中经常出现的附着在植物残体上的腐生性真菌。在旱地土壤中或高等植物根部也有一些种类出现。绵霉属中的稻腐绵霉（*Achlya ory-*

sae)和稻苗绵腐病绵霉(*Achlya prolifera*)是危害水稻的绵腐病菌。

绵霉的分枝菌丝多核,无隔膜,菌丝很宽,一般宽度为 15~30 μm,最宽的达到 270 μm,也是真菌菌丝中最宽的。

无性繁殖:菌丝先端的原生质和细胞核聚集起来,并形成一个横隔膜与菌丝其他部位隔开,隔离开的部分逐渐膨大形成棒状孢子囊。孢子囊成熟时,顶端开口,游动孢子自开口处放出并在孔口聚集,呈休止状态,休止后,再萌发产生次生游动孢子。游动孢子和次生游动孢子都能形成菌丝体。

有性繁殖:雄器和藏卵器进行异型交配,产生卵孢子。

2.接合菌亚门及其代表

(1)接合菌　菌丝无隔膜多核,无性繁殖产生不能游动的孢囊孢子,还有分生孢子、节孢子等;有性繁殖产生接合孢子,是由菌丝生出形态略有不同的配子囊接合而成的。

根据菌丝来源的不同可分为同宗接合和异宗接合。

同宗接合:雌雄配子囊来源同一菌丝体。

异宗接合:由性状不同菌丝体上的菌丝形成的配子囊接合。

(2)毛霉属　在自然界分布很广泛,土壤中很多,空气中也有很多毛霉孢子,毛霉生活在谷物果品蔬菜及其他食品上,导致腐败,毛霉作为糖化菌应用于酿造工业中,在腐乳制造过程中豆腐的生霉阶段生出的就是毛霉。

毛霉的菌丝体呈棉絮状,由许多分枝的菌丝构成,菌丝无隔膜,具多数细胞核毛霉的基内菌丝和气生菌丝在形态上没有区别。

无性繁殖:形成孢子囊,孢子囊壁破裂,孢囊孢子分散出来。孢囊孢子无鞭毛不能游动,在空气中被吹散遇到适宜的环境,萌发而形成新的菌丝体。

有性繁殖:形成接合孢子,接合孢子外面被有极厚而带褐色的孢壁,其表面常具有棘状或不规则的突出物,接合孢子经过一段休眠才能萌发,萌发时孢壁破裂,长出芽段,芽段顶端形成一孢子囊,在孢子囊中通过减数分裂,产生大量单倍体的孢囊孢子。

毛霉的有性结合为异宗结合或同宗结合。

毛霉的生活史图式如下。

无性繁殖:菌丝→孢子囊→孢囊孢子→菌丝。

有性繁殖:

$$\left.\begin{array}{l}(＋)菌丝→(＋)配子囊\\(－)菌丝→(－)配子囊\end{array}\right\}→接合孢子→发芽→孢子囊→孢囊孢子→菌丝。$$

(3)根霉属　在自然界中分布广泛。土壤空气中都有很多,根霉孢子是一种可引起谷物、果蔬霉腐的霉菌,常在馒头、甘薯等腐败的食物上出现,发酵工业用作糖化菌。

菌丝体呈棉絮状,根霉的气生性强,大部分菌丝为匍匐于营养基质表面的气生菌丝,称为蔓丝。蔓丝生节,从节向下分枝形成假根状的基内菌丝,假根伸入营养基质中吸收养料。

无性繁殖:孢子囊梗和孢子囊。孢子囊梗不分枝,直立,2~3 个丛生于蔓丝的节上,孢子囊成熟时,呈黑色,内生大量球状孢囊孢子。

有性繁殖:产生接合孢子。

除有性根霉为同宗结合外,其他种都是异宗结合。

3.子囊菌亚门及其代表

(1)子囊菌的特点　子囊菌的大多数种类形成菌丝,菌丝有隔膜。子囊菌的无性繁殖,主要是在分生孢子梗上形成各种分生孢子,有性繁殖产生子囊和子囊孢子,子囊孢子形成于子囊中。多个子囊外部有菌丝体组成的保护组织——子囊果。

(2)脉孢霉属　脉孢霉属是腐生菌,在生霉的玉米轴上常常看到它们,常长在淀粉质的食物上。

用稻草培养链孢霉可制成稻草曲,它富含的维生素 B_{12} ,是喂猪的一种好饲料,有的用于工业发酵。由于广泛用来研究遗传学与生化途径而有名。

菌落最初为白色粉粒状,很快变为橘黄色,绒毛状。

无性繁殖:产生分生孢子。分生孢子着生于直立、二分叉的分生孢子梗上,成串生长。分生孢子卵圆形至长卵圆形,粉红色或橘黄色。分生孢子成熟后飞散出去,遇到适宜的基质,萌发产生新的营养菌丝体。

有性繁殖:产生子囊和子囊孢子,为异宗结合。

有性过程如下:

①一株菌丝体形成子囊壳原。

②另一株菌丝体菌丝与子囊壳的菌丝结合,2株菌丝中的核在共同的细胞质中混杂存在,反复分裂,产生很多的核。

③2个异宗的核配对结合,形成很多二倍体核,每一个二倍体的核结合周围的细胞质,发育成一个子囊。

④子囊里的核经2次分裂(一次减数分裂,一次不减数分裂),一个二倍体核分裂成4个单倍体核。

⑤再经过一次分裂,4个单倍体核成为8个单倍体核,围绕每一个核形成一个子囊孢子,每个囊中有8个子囊孢子。

这时子囊壳原发育成子囊壳,子囊位于子囊壳内,子囊壳圆形。具有一个短颈,光滑或具有松散的菌丝褐色或褐黑色,子囊孢子萌发产生菌丝体。

(3)赤霉属　包括许多寄生于植物的病菌,如小麦赤霉病菌(*G. saubinetii*)、玉米赤霉病菌(*G. zeae*)、水稻恶苗病菌(*G. fujikuroi*)等。

菌丝在寄主体内蔓延,并在寄主表面产生大量的白色或粉红色分生孢子,在固体培养基表面,赤霉菌形成白色、较紧密的绒毛状菌落。

无性繁殖:产生分生孢子。首先是在一些菌丝的尖端形成多级双叉分枝的分生孢子梗,在分生孢子梗上产生大、小2种分生孢子,大分生孢子为镰刀形,中间有 $3\sim5$ 个隔膜,单生或丛生。小分生孢子为卵圆形,当中没有隔膜或只有一个隔膜,大、小分生孢子都可以发芽形成新的菌丝体。

有性生殖:形成子囊孢子,子囊长棒状,内含8个子囊孢子,子囊着生于子囊壳内,子囊壳表面生,球状,光滑,蓝黑色。

任务七　霉菌的形态观察

◉ 任务目标

学会霉菌形态观察的基本技术,能用不同的观察方法对霉菌进行观察,并能客观准确地描述及绘制霉菌的形态结构。

◉ 实施条件

(1)菌种　根霉、毛霉、曲霉、青霉、红曲霉的平板培养物,白地霉摇瓶培养液。

(2)培养基　土豆琼脂培养基(PDA)或察氏培养基。

(3)溶液或试剂　乳酸石炭酸棉蓝染色液。

(4)其他　无菌吸管、平皿、载玻片、盖玻片、解剖针、显微镜等。

◉ 操作步骤

(一)直接制片观察法

1.点种培养

用接种针挑取少许斜面孢子,在无菌的察氏平板培养基中央穿刺接种(倒置培养皿穿刺接种),30℃下培养7~10 d,形成巨大菌落培养物。

2.直接制片

(1)滴染色液　在载玻片中央加一滴乳酸石炭酸棉蓝染色液于洁净的载玻片中央。

(2)取菌　打开霉菌平板培养物,用解剖针从菌落的边缘挑取少量带有孢子的菌丝,放入载玻片的染色液中。

(3)盖盖片　细心地把菌丝挑散开,加盖玻片,注意不要产生气泡。

(4)镜检　置于显微镜下观察,菌丝呈蓝色,颜色的深度随菌龄的增加而减弱。

(二)载玻片湿室培养观察法

1.准备湿室

在培养皿底部铺一张直径大小与培养皿内径相当的圆形滤纸片,滤纸片上依次放上U形载玻片搁架、载玻片、盖玻片(2片),盖上皿盖,外用纸包扎,高压蒸汽灭菌(121℃,20 min),60℃烘箱干燥,备用。

2.加培养基

用无菌细口滴管吸取少许融化并冷却至60℃的PDA培养基,滴加到载玻片上(取2小滴,分别滴于距载玻片两端1/3处),培养基应滴得圆而薄,直径约为0.5 cm(滴加量一般以1/2小滴为宜),注意无菌操作。

3.取菌接种

用接种环挑取少量待观察的霉菌孢子,接种于载玻片上的培养基上。接种时将带孢子的接种环轻轻在培养基表面涂抹即可。

温馨提示:动作要轻缓,以免孢子飞散造成交叉污染,影响观察。接种量要少,以免培养后菌丝过于稠密而影响观察。

4. 加盖玻片

用无菌镊子将皿内的盖玻片盖在琼脂薄层上，用镊子轻压盖玻片，使盖玻片和载玻片之间的距离相当接近（不超过 0.25 mm 的缝隙），但不能压扁。

温馨提示：盖玻片不能紧贴载玻片，要彼此留有小缝隙，一是为了通气，二是使各部分结构平行排列，易于观察。

5. 倒保湿剂

每皿倒入约 3 mL 20%的无菌甘油或者水棉球 2～4 个，使皿内滤纸完全湿润，以保持皿内湿度，防止培养期间小琼脂块干裂影响微生物生长和发育，盖上皿盖。

6. 观察

制成载玻片湿室，于28℃恒温培养，从16～20 h开始，通过连续观察，可了解孢子的萌发、菌丝生长及分生孢子等情况。将湿室内的载玻片取出，置于显微镜下直接观察。

温馨提示：

①观察根霉时，注意观察其菌丝有无横隔、假根、孢子囊柄、孢子囊、囊轴、囊托、孢子囊孢子及厚垣孢子。

②观察毛霉时，注意观察其菌丝有无横隔、孢子囊柄、囊轴、孢子囊孢子及后垣孢子。

③观察曲霉时，注意观察其菌丝有无横隔、足细胞、分生孢子梗、顶囊、小梗（形状、层数及着生情况）、分生孢子。

④观察青霉时，注意观察其菌丝有无横隔、分生孢子梗、帚状枝（小梗的轮数及对称性）、分生孢子。

◉ 结果分析

将各菌种的观察结果记录在表中。

菌种	菌丝体 （气生菌丝、营养菌丝的粗细、色泽，菌丝有隔或无隔等）	无性孢子特征 （孢子梗的分化特征，孢子着生特征等）	其他特征结构 （有无假根、足细胞、匍匐菌丝、囊轴等）

根霉的匍匐菌丝与培养基接触处生出分枝状假根，在假根上生有孢囊梗，孢囊梗的顶端膨大形成孢囊，内有许多孢囊孢子。毛霉菌有与根霉相似的孢囊和孢囊孢子，但没有假根。曲霉无性繁殖时，分生孢子梗一端与足细胞相连，另一端呈球状膨大称为顶囊，在顶囊表面产生一

层或两层分生孢子小梗,小梗顶端形成一串分生孢子。沿分生孢子梗向培养基与气生菌丝界面处寻找,容易观察到足细胞。青霉属的分生孢子梗,从 2/3 的高度一直到顶端以特殊的对称或不对称扫帚状分支,故整个分生孢子梗称为帚枝,其最后的一轮分支为瓶梗,瓶梗上着生分生孢子链。

◎ 问题与思考

(1)绘图说明你所观察到的各种霉菌的形态特征。

(2)比较实验中所采用的几种观察方法的优缺点,总结在何种情况下适宜用何种制片方法来观察效果较好。

(3)比较毛霉、根霉、曲霉和青霉的形态构造及繁殖方式的异同。

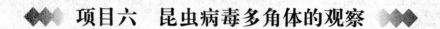

◆◆◆ 项目六　昆虫病毒多角体的观察 ◆◆◆

知识目标 通过对病毒的形态、结构和繁殖方式等内容的学习,来达到更好地认识病毒的目的,为以后病毒的鉴别应用奠定基础。

能力目标 学会昆虫病毒多角体形态观察的基本技术,初步掌握昆虫病毒多角体形态鉴别的方法。

◎ 必备知识

一、病毒的特点和定义

1. 特点

①不具有细胞结构,可把它们视为核蛋白分子。

②一种病毒的毒粒内只含有一种核酸——DNA 或者 RNA;而朊病毒甚至仅由蛋白质构成。

③大部分病毒没有酶或酶系极不完全,不含催化能量代谢的酶,不能进行独立的代谢作用。

④严格的活细胞内寄生,没有自身的核糖体,没有个体生长,也不进行二均分裂,必须依赖宿主细胞进行自身的核酸复制,形成子代。

⑤个体微小,在电子显微镜下才能看见。

⑥对大多数抗生素不敏感,对干扰素敏感。

病毒是一类既具有化学大分子属性,又具有生物体基本特征;既具有细胞外的感染性颗粒形式,又具有细胞内的繁殖性基因形式的独特生物类群。即它是超显微的、没有细胞结构的、专性活细胞内寄生的实体(图 1-22)。

```
                      ┌ (真)病毒:至少含核酸和蛋白质 2 种组分
                      │        ┌ 类病毒:只含有具侵染性的 RNA 组分
非细胞生物 ┤         │
                      │ 亚病毒 ┤ 卫星 RNA:只含有不具侵染性的 RNA 组分
                      └        └ 朊病毒:只含蛋白质
```

图 1-22　病毒的分类

2. 定义

病毒迄今仍无一个科学而严谨的定义,它是一类由核酸和蛋白质等少数几种成分组成的超显微"非细胞丘",其本质是一种只含 DNA 或者 RNA 的遗传因子,它们能以感染态和非感染态两种状态存在。在宿主体内时呈感染态(活细胞内专性寄生),依赖宿主的代谢系统获取能量、合成蛋白质和复制核酸,然后通过核酸与蛋白质的装配而实现其大量增殖;在离体条件下,它们以无生命的生物大分子状态长期存在,并可保持其侵染性。

病毒在寄主外存在时,只保留着在适宜条件下感染寄主的能力。对温度很敏感,在 55～60℃,病毒悬液几分钟内就变性,射线能使病毒变性失活,带封套的病毒容易被脂肪溶剂破坏,常用甲醛来消毒污染了的器具和空气。

二、病毒的形态和大小

成熟的具有侵染力的病毒颗粒称为病毒粒子(图 1-23)。

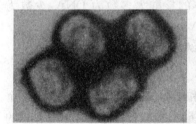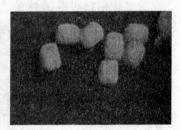

图 1-23　各种电镜技术观察到的病毒粒子的形态结构

病毒粒子的形状大致可分球形颗粒(或称拟球形颗粒)、杆状颗粒和复杂形状颗粒(如蝌蚪状、卵形)等少数几类。痘苗病毒在病毒中体积最大,在光学显微镜下勉强可见。

三、病毒的基本结构

(一)衣壳粒的基本结构

由于衣壳粒在壳体上的不同排列,病毒具有以下 3 种形态结构。

1. 螺旋对称

如烟草花叶病毒 TMV 杆状壳体,由 2 130 个壳粒螺旋状排列而成,长 300 nm,单链 RNA。

2. 二十面体对称

如腺病毒,具有一个由 252 个球形的壳粒排列成的二十面的对称体,有 20 面、30 边、12 顶,双链 DNA,是急性咽炎、咽结膜炎、流行性角膜结膜炎的病原体。又如 HIV、SARS 病毒。

3. 复合对称排列

病毒壳体除有螺旋对称和二十面体对称 2 种主要结构类型外，亦有少数病毒壳体为复合对称结构。具有复合对称结构的典型例子是有尾噬菌体(tailed phage)，其壳体由头部和尾部组成。包装有病毒核酸的头部呈二十面体对称，头、尾相连处有一构造简单的颈部，包括一六角形的盘状颈环和 6 根颈须。尾部呈螺旋对称，由尾鞘(tail sheath)、尾管(tail-tube)、基板(base-plate)、刺突(tail pins)和尾丝(tail fibers) 5 部分组成。

(二)病毒的包膜结构

核壳(nucleocapsid)：病毒的蛋白质壳体和病毒核酸(核心)构成的复合物，又称核衣壳。

裸露毒粒(naked virion)：仅由核衣壳构成的病毒颗粒。如烟草花叶病毒、脊髓灰质炎病毒(poliovirus)等一些简单的病毒的毒粒。

包膜(envelope)：有些病毒核衣壳包裹着的一层脂蛋白膜，它是病毒以出芽(budding)方式成熟时，由细胞膜衍生而来的，有维系毒粒结构，保护病毒核壳的作用，特别是病毒的包膜糖蛋白，具有多种生物学活性，是启动病毒感染所必需的。

病毒包膜的基本结构与生物膜相似，是脂双层膜。在包膜形成时，细胞膜蛋白被病毒的包膜糖蛋白取代。

刺突(spike)：包膜或核衣壳上的突起。

(三)病毒的核酸

大多数植物病毒的核酸为 RNA，少数为 DNA；噬菌体的核酸大多数为 DNA，少数为 RNA；动物病毒，包括昆虫病毒，则部分是 DNA，部分是 RNA。

RNA 病毒多数是单链，极少数为双链；DNA 病毒多数为双链，少数单链。

(四)病毒的蛋白质

病毒蛋白质根据其是否存在于毒粒中分为：非结构蛋白和结构蛋白 2 类，前者是构成一个形态成熟的有感染性的病毒颗粒所必需的蛋白质，包括壳体蛋白、包膜蛋白和存在于毒粒中的酶等；后者指由病毒基因组编码的，在病毒复制过程中产生并具有一定功能，但并不结合于毒粒中的蛋白质。

病毒结构蛋白的主要生理功能：①构成蛋白质外壳，保护病毒核酸免受核酸酶及其他理化因子的破坏；②决定病毒感染的特异性，与易感细胞表面存在的受体具特异性亲和力，促使病毒粒子的吸附和入侵；③决定病毒的抗原性，能刺激机体产生相应的抗体；④构成毒粒酶，或参与病毒对宿主细胞的入侵(如 T4 噬菌体的溶菌酶等)，或参与病毒复制过程中所需要病毒大分子的合成(如逆转录酶等)；一般来说，病毒是不具酶或酶系极不完全的，所以病毒一旦离开宿主就不能独立进行代谢和繁殖。

四、病毒的群体形态

1. 包涵体

病毒感染寄主后与寄主的细胞蛋白质合成一种在光学显微镜下可见的颗粒体。这种颗粒体不易被有机溶剂和蛋白酶分解；遇碱易分解；自然条件下活性稳定，但对紫外线敏感。

2. 噬菌斑

当寄主细胞被噬菌体感染后细胞裂解，在菌苔上出现的一些无色透明空斑(负菌落)。

3.空斑和病斑

空斑:动物细胞被病毒侵染后的死细胞群落。

病斑:动物细胞受肿瘤病毒感染后细胞剧增形成的病灶。

枯斑:植物叶片上的植物病毒群体。

五、病毒的分类

①原核生物的病毒——噬菌体。

②植物病毒。

③人类和脊椎动物病毒。

④昆虫病毒。

六、噬菌体

噬菌体,即原核生物的病毒,专性寄生在细菌放线菌等原核生物内。

1.噬菌体的形态结构

噬菌体结构简单,个体微小,需用电子显微镜进行观察。不同的噬菌体在电子显微镜下表现为3种形态,即蝌蚪形(图1-24)、微球形和丝形。大多数噬菌体呈蝌蚪形,由头部和尾部两部分组成。

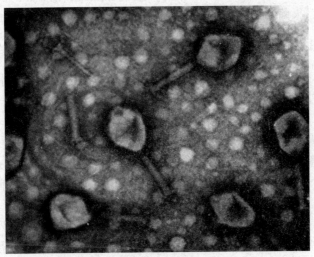

图1-24 噬菌体的形态结构(蝌蚪形)

2.噬菌体的侵染与增殖过程

(1)吸附 噬菌体尾丝尖端与宿主细胞表面的特异性受点接触,附着在受体上,使刺突、尾板固着于细胞表面。这是启动病毒感染的第一阶段。不同种系的细胞具有不同病毒的细胞受体,病毒受体的细胞种系特异性决定了病毒的宿主范围。

吸附特点:①一个宿主细胞表面特异性受点数量有限,故只能吸附相应数量噬菌体,因吸附过多而引起的细胞裂解称为外裂解。②一种细菌可被多种噬菌体感染。③一个寄主细胞与一种噬菌体饱和吸附后并不妨碍另一种噬菌体再吸附。④Ca^{2+}、Mg^{2+}、Ba^{2+}等阳离子有促进吸附作用。⑤pH中性时有利于吸附。⑥温度在最适生长温度范围内最利于吸附。

（2）侵入　从吸附到侵入间隔只有几秒到几分钟。吸附后，尾鞘收缩，将尾管推入细胞壁和细胞膜中，头部核酸通过尾管注入，蛋白质外壳留在外面。

动物病毒能以下列不同的机制进入细胞：①完整病毒穿过细胞膜的移位方式；②细胞的内吞功能；③毒粒包膜与细胞质膜的融合。

植物病毒：通过因人为地或自然的机械损伤所形成的微伤口进入细胞；或者靠携带有病毒的媒介，主要是靠有吮吸式口器的昆虫取食将病毒带入细胞。

（3）增殖　核酸进入寄主细胞后，操纵寄主细胞代谢机能，大量复制噬菌体核酸，以及噬菌体各部分"组件"。

（4）成熟　将在增殖过程中形成的各部件组装成完整的病毒粒子。首先是 DNA 缩合，蛋白质衣壳包裹 DNA 形成头部，然后颈圈和颈须组合形成颈部，基板、尾管和尾鞘组合形成尾丝，最后头部、颈部和尾丝组装成完整病毒粒子。

（5）裂解、释放　病毒粒子成熟以后，引起寄主细胞裂解，释放出病毒粒子。

◎ 拓展知识

一、噬菌体与发酵工业

噬菌体对发酵工业的危害很大，因此发酵工业上应控制。措施：不用可疑菌种；注意环境卫生；勿乱弃活菌液；灭菌要彻底；通气质量要保证；经常筛选、轮换菌种；严格会客制度等。

二、病毒在基因工程中的应用

在基因工程中，把外源目的基因导入受体细胞并使之表达的中介体称为载体（vector）。除原核生物的质粒外，病毒是最好的载体。

1. 噬菌体作为原核生物基因工程的载体

通常所用的有大肠杆菌（$E. coli$）的 λ 噬菌体。

2. 动物 DNA 病毒作为动物基因工程的载体

通常所用的为 SV40（simian virus 40，即猴病毒 40），其次为人的腺病毒、牛乳头瘤病毒、痘病毒以及 RNA 病毒等。

3. 植物 DNA 病毒作为植物基因工程的载体

含 DNA 的植物病毒种类较少，故病毒载体在植物基因工程中应用的起步较晚，研究较多的有花椰菜病毒（CaMV）。

4. 昆虫 DNA 病毒作为真核生物基因工程的载体

应用较多的为杆状病毒。

三、一步生长曲线

一步生长曲线是研究病毒复制的一个经典试验，最初是为研究噬菌体的复制而建立，以后推广到动物病毒和植物病毒的复制研究中。基本方法是以噬菌体的稀释液感染高浓度的宿主细胞，待病毒吸附后，或高倍稀释病毒——细胞培养物，或以抗病毒抗血清处理病毒——细胞培养物以建立同步感染，然后继续培养定时取样测定培养物中的病毒效价，并以感染时间为横坐标，病毒的感染效价为纵坐标，绘制出病毒特征性的繁殖曲线，即一步生长曲线。包括以下 3

个时期。

(1)潜伏期 指噬菌体的核酸侵入宿主细胞后至第一个成熟噬菌体粒子装配前的一段时间。它又可分为隐蔽期和胞内累积期。

(2)裂解期 紧接在潜伏期后的宿细胞迅速裂解、溶液中噬菌体粒子急剧增多的一段时间。

(3)平稳期 指感染后的宿主细胞已全部裂解,溶液中噬菌体效价达到最高点的时期。

四、溶原细胞、溶原性

1.温和噬菌体

凡吸附并侵入细胞后噬菌体的 DNA 只整合在宿主的染色体上,并可长期随寄主 DNA 的复制而进行同步复制,不进行增殖和引起寄主细胞裂解的噬菌体,称为温和噬菌体。

2.整合

于细菌染色体或以质粒形成存在的温和噬菌体基因组称作前噬菌体;在前噬菌体阶段,噬菌体的复制被抑制,宿主细胞正常地生长繁殖,而噬菌体基因组与宿主细菌染色体同步复制,并随细胞分裂而传递给子代细胞。

3.溶原菌

在核染色体组上整合有前噬菌体并能正常生长繁殖而不被裂解的细菌。

4.溶原菌的特点

(1)自发裂解 少数溶原菌中的温和噬菌体转变成烈性噬菌体。

(2)诱发裂解 溶原菌在紫外线、X 射线等理化因子作用下发生高频裂解。

(3)复愈 在溶原菌细菌群体增殖时,部分细胞丧失细胞内的噬菌体,成为非溶原性细菌。

(4)免疫性 溶原菌对已感染的噬菌体以外的其他噬菌体具抵制能力。

任务八 昆虫病毒包涵体的观察

◎ 任务目标

学会昆虫病毒多角体形态观察的基本技术,并能客观准确地描述昆虫病毒多角体的形态。

◎ 实施条件

(1)病毒 昆虫病毒样本。

(2)仪器和材料 滤纸、显微镜、量筒、研钵、水浴锅、酒精灯、显微镜、镊子、载玻片、盖玻片、滴管。

◎ 操作步骤

(一)核多角体病毒(NPV)染色

1.染液制备

(1)乙醇、福尔马林固定液:70%乙醇 90 mL 加入 40%福尔马林 10 mL。

(2)5%伊红染液:伊红 5 g、蒸馏水 100 mL(或用 50%乙醇配制的 1%孔雀染液也可)。

2. 制片

涂片直径 1.5 cm 左右,待涂层干燥后,用乙醇、福尔马林固定液固定 10～20 min,滤纸吸干固定液。

3. 染色

加 1% NaOH 溶液 1 min,水洗去碱液,以 5% 伊红染色 5～20 min,水洗,滤纸吸干。

温馨提示:1% NaOH 应临用前配制,不要放置太久。

4. 镜检

按低倍镜、高倍镜、油镜依次观察。

实验结束后,整理显微镜;对有病毒涂片进行消毒处理。

(二)质多角体病毒(CPV)染色

1. 染液制备

吉姆萨 1 g,中性甘油 30 mL,甲醇 100 mL。先将染色粉研碎,加少量甲醇充分研磨使溶解,再加入中性甘油 30 mL,最后加入全部甲醇,混合后置于 60℃水浴中 1 h,冷却后过滤,即为原液。染色时取 1 份原液加 4 份甲醇混匀使用。

2. 制片

涂片火焰干燥。

3. 染色

用吉姆萨染液染色 1 min,然后加等量蒸馏水冲洗均匀,继续染色 30 min,水洗、吸干。

4. 镜检

按低倍镜、高倍镜、油镜依次观察。

实验结束后,整理显微镜;对有病毒涂片进行消毒处理。

(三)颗粒体病毒(GV)染色

1. 染液制备

(1)氨基黑染液　氨基黑 0.1 g,溶于 50 mL 蒸馏水中,再加入 98% 甲醇 40 mL,冰醋酸 10 mL。

(2)苦味酸溶液:1 g 苦味酸溶于 100 mL 蒸馏水中。

2. 制片

涂片自然干燥。

3. 染色

加 1 滴 1% 苦味酸,再加氨基黑染色液 1 滴,轻轻混合,并微加热,待有水蒸气冒出时,停止加热,待凉后洗去染色液,吸干涂片。

4. 镜检

按低倍镜、高倍镜、油镜依次观察。

实验结束后,整理显微镜;对有病毒涂片进行消毒处理。

◉ 结果分析

将各昆虫病毒包涵体的观察结果记录在下表中。

菌种	核多角体病毒(NPV)	质多角体病毒(CPV)	颗粒体病毒(GV)
使用染料			
菌体颜色			
菌体形态图			

用吉姆萨染 NPV 时不着色,因此常用它来进行 CPV、NPV 的区别染色。

◎ 问题与思考

(1)在进行昆虫病毒包涵体染色的时候,如何区别 CPV 和 NPV?

(2)通过何种染色剂的染色可以区别多角体与脂肪球?

(3)制作研究材料的湿片时,通过何种方法来区别颗粒体和包涵体,为什么?

单元二 微生物的培养

◆◆◆ **项目一 培养基制备** ◆◆◆

知识目标 了解微生物细胞的化学组成和培养基配制的原则,掌握微生物的营养要素及其生理功能、营养进入细胞的方式和培养基的类型及应用。

能力目标 能按照企业岗位要求独立配制实验室和工业生产用的培养基,为今后走上工作岗位打下基础。

◉ 必备知识

培养基是指人工配制的,适合微生物生长繁殖或产生代谢产物用的混合营养料。任何培养基都应具备微生物生长所需要的六大营养元素,且其间的比例是合适的。制备培养基时应尽快配制并立即灭菌,否则就会杂菌丛生,并破坏其固有的成分和性质。

绝大多数微生物都可在人工培养基上生长,只有少数称作难养菌的寄生或共生微生物,如类支原体、类立克次氏体和少数寄生真菌等,至今还不能在人工培养基上生长。

一、微生物的化学组成

培养微生物所需的营养物质主要依据细胞的化学组成及代谢物的化学组成确定。因此,分析微生物细胞的化学组成是了解微生物营养的基础。

构成微生物细胞的物质基础是各种化学元素。根据微生物生长时对各类化学元素需要量的大小,可将它们分为主要元素和微量元素,主要元素包括碳、氢、氧、氮、磷、硫、钾、镁、钙、铁等,碳、氢、氧、氮、磷、硫这 6 种主要元素可占细菌细胞干重的 97%(表 2-1)。微量元素包括锌、锰、钠、氯、钼、硒、钴、铜、钨、镍、硼等。

组成微生物细胞的各类化学元素的比例常因微生物种类的不同而不同,例如细菌、酵母菌和真菌的碳、氢、氧、氮、磷、硫 6 种元素的含量就有差别,而硫细菌、铁细菌和海洋细菌相对于其他细胞则含有较多的硫、铁、钠、氯等元素,硅藻需要硅酸来构建富含$(SiO_2)_n$的细胞壁。不仅如此,微生物细胞的化学元素组成也常随菌龄及培养条件的不同而在一定范围内发生变化,幼龄的或在氮源丰富的培养基上生长的细胞与老龄的或在氮源相对贫乏的培养基上生长的细胞相比,前者含氮量高,后者含氮量低。

表 2-1　微生物细胞中几种主要元素的含量(干重)　　　　　　　%

元素	细菌	酵母菌	真菌	元素	细菌	酵母菌	真菌
碳	≈50	≈50	≈48	氧	≈20	≈31	≈40
氮	≈15	≈12	≈5	磷	≈3	—	—
氢	≈8	≈7	≈7	硫	≈1	—	—

二、微生物的营养元素

和其他生物一样,微生物也需要不断地从外部环境中吸收所需的各种物质,通过新陈代谢将其转化成自身新的细胞物质或代谢物,并从中获取生命活动所需的能量,同时将代谢活动产生的废物排出体外。凡是能满足微生物机体生长、繁殖和完成各种生理活动所需要的物质,都称为微生物的营养物质,而微生物获得和利用营养物质的过程称为营养。

微生物的营养物质应满足微生物的机体生长、繁殖和完成各种生理活动的需要。微生物的 6 类营养要素包括:碳源、氮源、能源、无机盐、生长因子和水。

1. 碳源

凡是能够提供微生物细胞物质和代谢产物中碳素来源的营养物质称为碳源。碳元素不仅用于构成微生物的细胞物质和代谢产物,而且为微生物生命活动提供能量。

微生物能够利用的碳源种类极其广泛,从简单的无机含碳化合物如 CO_2 和碳酸盐等,到各种复杂的有机物如糖类及其衍生物、脂类、醇类、有机酸、烃类、芳香族化合物等。但不同的微生物利用碳源物质的范围大不相同。有的能广泛利用各种类型的碳源,如假单胞菌属的有些种可以利用 90 种以上的碳源;但有的微生物能利用的碳源范围极其狭窄,如甲烷氧化菌仅能利用甲烷和甲醇 2 种有机物,某些纤维素分解菌只能利用纤维素。不同营养类型的微生物利用不同的碳源,异养型微生物以有机物作为碳源和能源,其中糖类是微生物最好的碳源,尤其是葡萄糖,其次是醇类、有机酸类和脂类等。在糖类中,单糖优于双糖,已糖优于戊糖,淀粉优于纤维素,纯多糖优于杂多糖和其他聚合物。有些微生物能利用酚、氰化物、农药等有毒的碳素化合物,常被用于处理"三废",消除污染,并生产单细胞蛋白等。自养型微生物利用 CO_2 作为唯一碳源或主要碳源,将 CO_2 逐步合成细胞物质和代谢产物。这类微生物在同化 CO_2 的过程中需要日光提供能量,或者从无机物的氧化过程中获得能量。

实验室内常用的碳源主要有葡萄糖、蔗糖、淀粉、甘露醇、有机酸等。工业发酵中利用的碳源主要是糖类物质,如饴糖、玉米粉、甘薯粉、野生植物淀粉,以及麸皮、米糠、酒糟、废糖蜜、造纸厂的亚硫酸废液等。此外,为了解决工业发酵用粮与人们食用粮、畜禽饲料用粮的矛盾,目前已广泛开展了以纤维素、石油、CO_2 等作为碳源的代粮发酵的研究工作,并取得了显著成绩。

2. 氮源

凡是构成微生物细胞物质和代谢产物中氮素来源的营养物质称为氮源。氮源主要用于合成细胞物质及代谢产物中的含氮化合物,一般不提供能量。只有少数自养细菌,如硝化细菌,能利用铵盐、硝酸盐作为氮源和能源。

微生物能够利用的氮源种类也相当广泛,有分子态氮、氨、铵盐和硝酸盐等无机含氮化合物;尿素、氨基酸、嘌呤和嘧啶等有机含氮化合物。不同的微生物在氮源的利用上差别很大。固氮微生物能以分子态氮作为唯一氮源,也能利用化合态的有机氮和无机氮。大多数微生物都利用较简单的化合态氮,如铵盐、硝酸盐、氨基酸等,尤其是铵盐,几乎可以被所有微生物吸收利用。蛋白质需要经微生物产生并分泌到胞外的蛋白酶水解后才能被吸收利用。有些寄生性微生物只能利用活体中的有机氮化物作为氮源。

实验室中常用的氮源有碳酸铵、硫酸铵、硝酸盐、尿素及牛肉膏、蛋白胨、酵母膏、多肽、氨基酸等。工业发酵中常用鱼粉、蚕蛹粉、黄豆饼粉、玉米浆、酵母粉等作为氮源。铵盐、硝酸盐、尿素等氮化物中的氮是水溶性的,玉米浆、牛肉膏、蛋白胨、酵母膏等有机氮化物中的氮主要是蛋白质的降解产物,都可以被菌体直接吸收利用,称为速效性氮源。饼粕中的氮主要以蛋白质的形式存在,属迟效性氮。速效性氮源有利于菌体的生长,迟效性氮源有利于代谢产物的形成。工业发酵中,将速效性氮源与迟效性氮源按一定的比例制成混合氮源加入培养基,以控制微生物的生长时期与代谢产物形成期的长短,提高产量。

很多微生物能将非氨基酸类的简单氮源如尿素、铵盐、硝酸盐、氮气等合成所需的各种氨基酸和蛋白质,因此,可利用它们生产大量的菌体蛋白和氨基酸等含氮的化合物。

3. 能源

能源是指能为微生物的生命活动提供最初能量来源的营养物质或辐射能。

化能异养型微生物的能源即碳源,化能自养型微生物的能源为 NH_4^+、NO_2^-、S、H_2S、H_2、Fe^{2+} 等还原态的无机化合物,光能营养型微生物的能源是辐射能。微生物的能源谱见表 2-2。

表 2-2　微生物的能源谱

化学能	有机物:化能异养型微生物的能源(与碳源相同)
	无机物:化能自养型微生物的能源(与碳源不同)
辐射能	光能自养型和光能异养型的微生物的能源

一种营养物常有一种以上营养要素的功能。例如,辐射能仅供给能源,是单功能的;还原态无机养分如 NH_4^+、NO_2^- 是双功能的,既是能源又是氮源,有些是三功能的,同时作为能源、氮源、碳源;有机物有的是双功能的,有的是三功能的。

4. 无机盐

无机盐是微生物生长所不可缺少的营养物质。其主要功能是:①构成细胞的组成成分;②参与酶的组成;③作为酶的激活剂;④调节细胞渗透压、pH 和氧化还原电位;⑤作为某些自氧微生物的能源和无氧呼吸时的氢受体。

磷、硫、钾、钠、钙、镁和铁等元素参与细胞结构组成,并与能量转移、细胞透性调节功能有关。微生物对它们的需要浓度在 $10^{-3} \sim 10^{-4}$ mol/L,称为大量元素。铜、锌、锰、钼、钴和镍等元素一般是酶的辅助因子,微生物对其需要浓度在 $10^{-6} \sim 10^{-8}$ mol/L,称为微量元素。不同种微生物所需的无机元素浓度有时差别很大,例如,G^- 细菌所需 Mg^{2+} 比 G^+ 细菌约高 10 倍。

（1）磷　细胞内矿物元素中磷的含量为最高，磷是合成核酸、磷脂、一些重要的辅酶（NAD、NADP、CoA 等）及高能磷酸化合物的重要原料。此外，磷酸盐还是磷酸缓冲液的组成成分，对环境中的 pH 起着重要的调节作用。微生物所需的磷主要来自无机磷化合物，如 K_2HPO_4、KH_2PO_4 等。

（2）硫　硫是蛋白质中某些氨基酸（如胱氨酸、半胱氨酸、甲硫氨酸等）的组成成分，是辅酶因子（如 CoA、生物素和硫胺素等）的组成成分，也是谷胱甘肽的组成成分。H_2S、S、$S_2O_3^{2-}$ 等无机硫化物还是某些自养菌的能源物质。微生物从含硫无机盐或有机硫化物中得到硫。一般人为提供的硫的形式为 $MgSO_4$。微生物从环境中摄取 SO_4^{2-}，再还原成—SH。

（3）镁　镁是一些酶（如己糖激酶、异柠檬酸脱氢酶、羧化酶和固氮酶）的激活剂，是光合细菌菌绿素的组成成分。镁还起到稳定核糖体、细胞膜和核酸的作用。缺乏镁，就会导致核糖体和细胞膜的稳定性降低，从而影响机体的正常生长。微生物可以利用硫酸镁或其他镁盐。

（4）钾　钾不参与细胞结构物质的组成，但它是细胞中重要的阳离子之一。它是许多酶（如果糖激酶）的激活剂，也与细胞质胶体特性和细胞膜透性有关。钾在胞内的浓度比胞外高许多倍。各种水溶性钾盐如 K_2HPO_4、KH_2PO_4 可作为钾源。

（5）钙　钙一般不参与微生物的细胞结构物质（除细菌芽孢外），但它是细胞内重要的阳离子之一，它是某些酶（如蛋白酶）的激活剂，还参与细胞膜通透性的调节。它在细菌芽孢耐热性和细胞壁稳定性方面起着关键的作用。各种水溶性的钙盐如 $CaCl_2$ 及 $Ca(NO_3)_2$ 等都是微生物的钙元素来源。

（6）钠　钠也是细胞内的重要阳离子之一，它与细胞的渗透压调节有关。钠在细胞内的浓度低，在细胞外浓度高。对嗜盐菌来说，钠除了维持细胞的渗透压（嗜盐菌放入低渗溶液即会崩溃）外，还与营养物的吸收有关，如一些嗜盐菌吸收葡萄糖需要 Na^+ 的帮助。

（7）微量元素　微量元素往往参与酶蛋白的组成或者作为酶的激活剂。如铁是过氧化氢酶、过氧化物酶、细胞色素和细胞色素氧化酶的组成元素，也是铁细菌的能源；铜是多酚氧化酶和抗坏血酸氧化酶的成分，锌是乙醇脱氢酶和乳酸脱氢酶的活性基；钴参与维生素 B_{12} 的组成；钼参与硝酸还原酶和固氮酶的组成；锰是多种酶的激活剂，有时可以代替 Mg^{2+} 起激活剂作用。

在配制培养基时，可以通过添加有关化学试剂来补充大量元素，其中首选是 K_2HPO_4 和 $MgSO_4$，它们可提供 4 种需要量很大的元素：K、P、S、Mg。对其他需要量较少的元素尤其是微量元素来说，因为它们在一些化学试剂、天然水和天然培养基组分中都以杂质等状态存在，在玻璃器皿等实验用品上也有少量存在，所以，不必另行加入。但如果要配制研究营养代谢的精细培养基时，所用的玻璃器皿是硬质材料、试剂又是高纯度的，这就应根据需要加入必要的微量元素。

5. 生长因子

生长因子通常是指那些微生物生长所必需而且需求量很小，但微生物自身不能合成或合成量不足以满足机体生长需要的有机化合物。各种微生物需要的生长因子的种类和数量是不同的。

自养型微生物和某些异养型微生物（如大肠杆菌）不需要外源生长因子也能生长。不仅如此，同种微生物所需的生长因子也会随环境条件的变化而改变，如在培养基中是否有前体物质、通气条件、pH 和温度等条件都会影响微生物对生长因子的需求。

广义的生长因子包括：维生素、氨基酸、嘌呤或嘧啶碱基、卟啉及其衍生物、甾醇、胺类或脂肪酸；狭义的生长因子一般仅指维生素。

(1)维生素 维生素是一些微生物生长和代谢所必需的微量的小分子有机物。它们的特点是：①机体不能合成，必须经常从食物中获得；②生物对它的需要量较低；③它不是结构或能量物质，但它是必不可少的代谢调节物质，大多数是酶的辅助因子；④不同生物所需的维生素种类各不相同，有的微生物可以自行合成维生素，如肠道菌可以合成维生素 K 等。有的细菌可以用于生产维生素 C。

(2)氨基酸 L-氨基酸是组成蛋白质的主要成分，此外，细菌的细胞壁合成还需要 D-氨基酸。所以，如果微生物缺乏合成某种氨基酸的能力，就需要补充这种氨基酸。补充量一般要达到 $20\sim50$ $\mu g/mL$，是维生素需要量的几千倍。可以直接提供所需的氨基酸，或含有所需氨基酸的小分子肽。在有些情况下，细胞只能利用小肽，而不能利用氨基酸。这是因为单个氨基酸不能透过细胞，而小分子肽较容易透过细胞，随后由肽酶水解成氨基酸。有时培养基中一种氨基酸的含量太高会抑制其他氨基酸的摄取，这称为"氨基酸不平衡"现象。

(3)碱基 碱基包括嘌呤碱和嘧啶碱，主要功能是构成核酸和辅酶、辅基。嘌呤和嘧啶进入细胞后，必须转变成核苷和核苷酸后才能被利用。

某些细菌的生长需要嘌呤和嘧啶，以合成核苷酸。最大生长量所需要的浓度是 $10\sim20$ $\mu g/mL$。有些微生物既不能自己合成嘌呤和嘧啶，也不能利用外源嘌呤和嘧啶来合成核苷酸，因此必需供给核苷或核苷酸才能使其生长。有些微生物对核苷和核苷酸的需要量都较大，满足最大生长所需浓度为 $200\sim2\,000$ $\mu g/mL$。能提供生长因子的天然物质有酵母膏、蛋白胨、麦芽汁、玉米浆、动植物组织或细胞浸液以及微生物生长环境的提取液等。

6. 水

水是微生物营养中不可缺少的一种物质。这并不是由于水本身是营养物质，而是因为水是微生物细胞的重要组成成分；水是营养物质和代谢产物的良好溶剂，营养物质与代谢产物都是通过溶解和分解在水中而进出细胞的；水是细胞中各种生物化学反应得以进行的介质，并参与许多生物化学反应；水的比热容高，汽化热高，又是良好的热导体，因此能有效地吸收代谢释放的热量，并将热量迅速地散发出去，从而控制细胞内的温度；水还有利于生物大分子的稳定。

三、培养基的配制原则

1. 目的明确

配制培养基首先要明确培养目的，要培养什么微生物？是为了得到菌体还是代谢产物？是用于实验室还是发酵生产？根据不同的目的，配制不同的培养基。

培养细菌、放线菌、酵母菌、霉菌所需要的培养基是不同的。在实验室中常用牛肉膏蛋白胨培养基培养异养细菌，培养特殊类型的微生物还需要特殊的培养基。

自养型微生物有较强的合成能力，所以培养自养型微生物的培养基完全由简单的无机物组成。异养型微生物的合成能力较弱，所以培养基中至少要有一种有机物，通常是葡萄糖。有的异养型微生物需要多种生长因子，因此常采用天然有机物为其提供所需的生长因子。

如果为了获得菌体或作为种子培养基用，一般来说，培养基的营养成分宜丰富些，特别是氮源含量应高些，以利于微生物的生长与繁殖。如果为了获得代谢产物或用作发酵培养基，则所含氮源宜低些，以使微生物生长不致过旺而有利于代谢产物的积累。在有些代谢产物的生产中还要加入作为它们组成部分的元素或前体物质,如生产维生素 B_{12} 时要加入钴盐,在金霉素生产中要加入氯化物,生产苄卡霉素时要加入其前体物质苯乙酸。

2. 营养协调

培养基应含有维持微生物最适生长所必需的一切营养物质。但更为重要的是,营养物质的浓度与配比要合适。

营养物质浓度过低不能满足其生长的需要,过高又抑制其生长。例如,适量的蔗糖是异养型微生物的良好碳源和能源,但高浓度的蔗糖则抑制微生物生长。金属离子是微生物生长所不可缺少的矿质养分,但浓度过大,特别是重金属离子浓度过大,反而抑制其生长,甚至产生杀菌作用。

各营养物质之间的配比,特别是碳氮比(C/N)直接影响微生物的生长繁殖和代谢产物的积累。C/N 一般指培养基中元素碳和元素氮的比值,有时也指培养基中还原糖与粗蛋白质的含量之比。不同的微生物要求不同的 C/N。如细菌和酵母菌培养基中的 C/N 约为 5/1,霉菌培养基中的 C/N 约为 10/1。在微生物发酵生产中,C/N 直接影响发酵产量,如谷氨酸发酵中需要较多的氮作为合成谷氨酸的氮源,如培养基 C/N 为 4/1,则菌体大量繁殖,谷氨酸积累少;如培养基 C/N 为 3/1,则菌体繁殖受抑制,谷氨酸产量增加。

此外,还须注意培养基中无机盐的量以及它们之间的平衡;生长因子的添加也要注意比例适当,以保证微生物对各生长因子的平衡吸收。

3. 理化适宜

微生物的生长与培养基的 pH、氧化还原电位、渗透压等理化因素关系密切。配制培养基应将这些因素控制在适宜的范围内。

(1)pH 各大类微生物一般都有其生长适宜的 pH 范围。如细菌为 7.0～8.0,放线菌为 7.5～8.5,酵母菌为 3.8～6.0,霉菌为 4.0～5.8,藻类为 6.0～7.0,原生动物为 6.0～8.0。但对于某一具体的微生物菌种来说,其生长的最适 pH 范围会大大突破上述界限,其中一些嗜极菌更为突出。

微生物在生长、代谢过程中,会产生改变培养基 pH 的代谢产物,若不及时控制,就会抑制甚至杀死其自身。因此,在设计此类培养基时,要考虑培养基成分对 pH 的调节能力。这种通过培养基内在成分所起的调节作用,可称为 pH 的内源调节。

内源调节主要有 2 种方式:①借磷酸缓冲液进行调节,例如调节 K_2HPO_4 和 KH_2PO_4 两者浓度比即可获得 pH 6.4～7.2 间的一系列稳定的 pH,当两者为等摩尔浓度比时,溶液的 pH 可稳定在 6.8;②以 $CaCO_3$ 作"备用碱"进行调节,$CaCO_3$ 在水溶液中溶解度很低,故将它加入至液体或固体培养基中并不会提高培养基的 pH,但当微生物生长过程中不断产酸时,却可以溶解 $CaCO_3$,从而发挥其调节培养基 pH 的作用。如果不希望培养基有沉淀,有时可添加 $NaHCO_3$。

与内源调节相对应的是外源调节,这是一类按实际需要不断地从外界添加酸或碱液,以调整培养液 pH 的方法。

(2)氧化还原电位 各种微生物对培养基的氧化还原电位要求不同。一般好氧微生物生长的 Eh(氧化还原势)值为 $+0.3～+0.4$ V,厌氧微生物只能生长在 $+0.1$ V 以下的环境中。好氧微生物必须保证氧的供应,这在大规模发酵生产中尤为重要,需要采用专门的通气措施。厌氧微生物则必须去氧,因为氧对它们有害。所以,在配制这类微生物的培养基时,常加入适量的还原剂以降低氧化还原电位。常用的还原剂有巯基乙酸、半胱氨酸、硫化钠、抗坏血酸、铁屑等。也可以用其他理化手段除去氧。发酵生产上常采用深层静置发酵法创造厌氧条件。

（3）渗透压和水活度　多数微生物能忍受渗透压较大幅度的变化。培养基中营养物质的浓度过大，会使渗透压太高，使细胞发生质壁分离，抑制微生物的生长。低渗溶液则使细胞吸水膨胀，易破裂。配制培养基时要注意渗透压的大小，要掌握好营养物质的浓度。常在培养基中加入适量的 NaCl 以提高渗透压。在实际应用中，常用水活度表示微生物可利用的游离水的含量。

4.经济节约

配制培养基特别是大规模生产用的培养基时还应遵循经济节约的原则，尽量选用价格便宜、来源方便的原料。在保证微生物生长与积累代谢产物需要的前提下，经济节约原则大致有："以粗代精"、"以野代家"、"以废代好"、"以简代繁"、"以烃代粮"、"以纤代糖"、"以氮代朊"、"以国产代进口"等方面。

四、培养基的种类

培养基的种类繁多，因考虑的角度不同，可将培养基分成以下一些类型。

1.根据所培养微生物的种类分类

根据微生物的种类可分为：细菌、放线菌、酵母菌和霉菌培养基。

常用的异养型细菌培养基为牛肉膏蛋白胨培养基，常用的自养型细菌培养基是无机的合成培养基，常用的放线菌培养基为高氏Ⅰ号琼脂合成培养基，常用的酵母菌培养基为麦芽汁培养基，常用的霉菌培养基为察氏合成培养基。

2.根据对培养基成分的了解程度分类

（1）天然培养基　指一类利用动、植物或微生物体包括用其提取物制成的培养基，这是一类营养成分既复杂又丰富、难以说出其确切化学组成的培养基，如牛肉膏蛋白胨培养基。天然培养基的优点是营养丰富、种类多样、配制方便、价格低廉；缺点是化学成分不清楚、不稳定。因此，这类培养基只适用于一般实验室中的菌种培养、发酵工业中生产菌种的培养和某些发酵产物的生产等。

常见的天然培养基成分有：麦芽汁、肉浸汁、鱼粉、麸皮、玉米粉、花生饼粉、玉米浆及马铃薯等。实验室中常用牛肉膏、蛋白胨及酵母膏等。

（2）合成培养基　又称组合培养基或综合培养基，是一类按微生物的营养要求精确设计后用多种高纯化学试剂配制成的培养基，如高氏Ⅰ号琼脂培养基、察氏培养基等。合成培养基的优点是成分精确、重演性高；缺点是价格较贵、配制麻烦，且微生物生长比较一般。因此，通常仅适用于营养、代谢、生理、生化、遗传、育种、菌种鉴定或生物测定等对定量要求较高的研究工作中。

（3）半合成培养基　又称半组合培养基，指一类主要以化学试剂配制，同时还加有某种或某些天然成分的培养基，如培养真菌的马铃薯蔗糖培养基等。严格地讲，凡含有未经特殊处理的琼脂的任何合成培养基，实质上都是一种半合成培养基。半合成培养基特点是配制方便、成本低、微生物生长良好。发酵生产和实验室中应用的大多数培养基都属于半合成培养基。

3. 根据培养基的物理状态分类

(1)液体培养基 呈液体状体的培养基为液体培养基。它广泛用于微生物学实验和生产,在实验室中主要用于微生物的处理、代谢研究和获取大量菌体,在发酵生产中绝大多数发酵都采用液体培养基。

(2)固体培养基 呈固体状态的培养基都称为固体培养。固体培养基有加入凝固剂后制成的;有直接用天然固体状物质制成的,如培养真菌用的麸皮、大米、玉米粉和马铃薯块培养基;还有在营养基质上覆上滤纸或滤膜制成的,如用于分离纤维素分解菌的滤纸条培养基。

常用的固体培养基是在液体培养基中加入凝固剂(约 2%的琼脂或 5%~12%的明胶),加热至 100℃,然后再冷却并凝固的培养基。常用的凝固剂有琼脂、明胶和硅胶等。其中,琼脂是最优良的凝固剂。现将琼脂与明胶 2 种凝固剂的特性列在表 2-3 中。

表 2-3 琼脂与明胶若干特性的比较

名称	化学成分	营养价值	分解性	融化温度/℃	凝固温度/℃	常用浓度/%	透明度	黏着力	耐加压灭菌
琼脂	聚半乳糖的硫酸酯	无	罕见	≈96	≈40	1.5~2	高	强	强
明胶	蛋白质	作氮源	极易	≈25	≈20	5~12	高	强	弱

固体培养基在科学研究和生产实践中具有很多用途,例如用于菌种分离、鉴定、菌落计数、检测杂菌、育种、菌种保藏、抗生素等生物活性物质的效价测定及获取真菌孢子等方面。在食用菌栽培和发酵工业中也常使用固体培养基。

(3)半固体培养基 半固体培养基是指在液体培养基中加入少量凝固剂(0.2%~0.5%的琼脂)而制成的半固体状态的培养基。半固体培养基有许多特殊的用途,如可以通过穿刺培养观察细菌的运动能力,进行厌氧菌的培养及菌种保藏等。

(4)脱水培养基 又称脱水商品培养基或预制干燥培养基,指含有除水以外的一切成分的商品培养基,使用时只要加入适量水分并加以灭菌即可,是一类既有成分精确又有使用方便等优点的现代化培养基。

4. 根据培养基的功能分类

(1)选择性培养基 一类根据某微生物的特殊营养要求或其对某些物理、化学因素的抗性而设计的培养基,具有使混合菌样中的劣势菌变成优势菌的功能,广泛用于菌种筛选等领域。

混合菌样中数量很少的某种微生物,如直接采用平板划线或稀释法进行分离,往往因为数量少而无法获得。选择性培养的方法主要有 2 种:一是利用待分离的微生物对某些营养物的特殊需求而设计的,如以纤维素为唯一碳源的培养基可用于分离纤维素分解菌,用液状石蜡来富集分解石油的微生物,用较浓的糖液来富集酵母菌等。二是利用待分离的微生物对某些物理和化学因素具有抗性而设计的。例如,分离放线菌时,在培养基中加入数滴 10%苯酚,可以抑制霉菌和细菌的生长;在分离酵母菌和霉菌的培养基中,添加青霉素、四环素和链霉素等抗生素可以抑制细菌和放线菌的生长;结晶紫可以抑制革兰氏阳性菌,培养基中加入结晶紫后,能选择性地培养 G⁻菌;7.5% NaCl 可以抑制大多数细菌,但不抑制葡萄球菌,从而选择培养葡萄球菌;德巴利酵母属中的许多酵母菌和酱油中的酵母菌能耐高浓度(18%~20%)的食盐,而其他酵母菌只能耐受 3%～11% 的食盐,所以,在培养基中加入 15%～20% 的食盐,即构成耐食盐酵母菌的选择性培养基。

(2)鉴别培养基　一类在成分中加有能与目的菌的无色代谢产物发生显色反应的指示剂,从而达到只需用肉眼辨别颜色就能方便地从近似菌落中找到目的菌菌落的培养基。最常见的鉴别培养基是伊红美蓝乳糖培养基,即 EMB 培养基(表 2-4)。它在饮用水、牛乳的大肠菌群数等细菌学检查和在大肠杆菌($E. coli$)的遗传学研究工作中有着重要的用途。

表 2-4　EMB 培养基的成分(pH＝7.2)　　　　　　　　　　　　　　　g

成分	蛋白胨	乳糖	蔗糖	K_2HPO_4	伊红	美蓝	蒸馏水
含量	10	5	5	2	0.4	0.065	1 000

EMB 培养基中的伊红和美蓝 2 种苯胺染料可抑制 G^+ 菌和一些难培养的 G^- 菌。在低酸度下,这 2 种染料会结合并形成沉淀,起着产酸指示剂的作用。因此,试样中多种肠道细菌会在 EMB 培养基平板上产生易于用肉眼识别的多种特征性菌落,尤其是大肠杆菌,因其能强烈分解乳糖而产生大量混合酸,菌体表面带 H^+,故可染上酸性染料伊红,又因伊红与美蓝结合,故使菌落染上深紫色,且从菌落表面的反射光中还可看到绿色金属闪光,其他几种产酸能力弱的肠道菌的菌落也有相应的棕色。

属于鉴别培养基的还有:明胶培养基可以检查微生物能否液化明胶;醋酸铅培养基可用来检查微生物能否产生 H_2S 气体等。

选择性培养基与鉴别培养基的功能往往结合在同一种培养基中。例如,上述 EMB 培养基既有鉴别不同肠道菌的作用,又有抑制 G^+ 菌和选择性培养 G^- 菌的作用。

(3)种子培养基　种子培养基是为了保证在生长中能获得优质孢子或营养细胞的培养基。一般要求氮源、维生素丰富,原料要精。同时应尽量考虑各种营养养分的特性,使 pH 在培养过程中能稳定在适当的范围内,以有利菌种的正常生长和发育。有时,还需加入使菌种能适应发酵条件的基质。菌种的质量关系到发酵生产的成败,所以种子培养基的质量非常重要。

(4)发酵培养基　发酵培养基是生产中用于供菌种生长繁殖并积累发酵产品的培养基。一般数量较大,配料较粗。发酵培养基中碳源含量往往高于种子培养基。若产物含氮量高,则应增加氮源。在大规模生产时,原料应来源充足,成本低廉,还应有利于下游的分离提取。

◉ 拓展知识

一、微生物的营养类型

根据微生物生长所需的能源、氢供体和基本碳源的不同,可将微生物的营养类型归纳为光能自养型、光能异养型、化能自养型和化能异养型 4 种类型(表 2-5)。

营养类型是指根据微生物生长所需要的主要营养要素即碳源和能源的不同,而划分的微生物类型。微生物营养类型的划分标准或角度多种多样,但是通常是根据微生物对能源、氢供体和基本碳源的需要来区分。

表 2-5 微生物的营养类型

营养类型	能源	氢供体	基本碳源	实例
光能自养型 （光能无机营养型）	光	无机物	CO_2	蓝细菌、紫硫细菌、绿硫细菌、藻类
光能异养型 （光能有机营养型）	光	有机物	CO_2 及 简单有机物	红螺菌科的细菌（紫色无硫细菌）
化能自养型 （化能无机营养型）	无机物*	无机物	CO_2	硝化细菌、硫化细菌、铁细菌、氢细菌、硫黄细菌等
化能异养型 （化能有机营养型）	有机物	有机物	有机物	绝大多数细菌和全部真核微生物

* 无机物包括 NH_4^+、NO_2^-、S、H_2S、H_2、Fe^{2+} 等。

1. 光能自养型

光能自养型微生物利用光为能源，以 CO_2 作为唯一或主要碳源，以 H_2S 或 $Na_2S_2O_3$ 等还原态无机化合物作为氢供体，是 CO_2 还原成细胞物质。该类型的代表是蓝细菌、紫硫细菌、绿硫细菌、藻类。它们含有叶绿素或细菌叶绿素等光合色素，可将光能转变成化学能（ATP）供机体直接利用。

2. 光能异养型

光能异养型微生物具有光合色素，能利用光为能源，需要以简单有机物作为碳源和氢供体，它们也能利用 CO_2，但不能作为唯一碳源，一般同时以 CO_2 和简单的有机物为碳源。光能异养细菌生长时，常需外援的生长因子。

3. 化能自养型

化能自养型微生物利用无机物氧化放出的化学能作为能源，以 CO_2 或碳酸盐作为唯一碳源或主要碳源，它们可以在完全无机的条件下生长发育。这类菌以 H_2、H_2S、Fe^{2+} 或 NO_2^- 为电子供体，使 CO_2 还原为细胞物质。硝化细菌、硫化细菌、铁细菌、氢细菌等均属于这类微生物。它们广泛分布在土壤和水域中，在自然界的物质循环和转化过程中起着重要作用。由于它们一般生活在黑暗和无机的环境中，故又称为化能矿质营养型。

4. 化能异养型

化能异养型微生物以有机化合物为碳源，以有机物氧化产生的化学能为能源。所以，有机化合物对这些微生物来讲，既是碳源，又是能源。已知的绝大多数微生物都属于此类。工业上应用的大多数微生物都属于化能异养型。化能异养型微生物又可分为寄生和腐生 2 种类型。寄生是指一种生物寄居于另一种生物体内或体表，从而摄取宿主细胞的营养以维持生命的现象；腐生是指通过分解已死的生物或其他有机物，以维持自身正常生活的生活方式。

二、营养物质进入微生物细胞的方式

微生物是能够通过细胞表面进行物质交换的。微生物的细胞表面为细胞壁和细胞膜，而细胞壁只对大颗粒的物体起阻挡作用，在物质进出细胞中作用不大。而细胞膜由于具有高度选择通透性而在营养物质进入与代谢产物排出的过程中起着极其重要的作用。

细胞膜具有磷脂双分子层结构，所以物质的通透性与物质的脂溶性程度直接有关。一般来说，物质的脂溶性（或非极性）越高，越容易透过细胞膜。许多大分子物质如糖类、氨基酸、核苷酸、离子（H^+、Na^+、K^+、Ca^{2+}）以及细胞的代谢产物等虽然都是非脂溶性的，但它们借助于细胞膜上的转运蛋白可以自由进出细胞。水虽然不溶于脂，但由于其分子小、不带电以及水分子的双极性结构，所以也能迅速地透过细胞膜。

目前，一般认为营养物质进入细胞主要有 4 种方式（表 2-6）：单纯扩散、促进扩散、主动运送和基团移位。前两者不需能量，是被动的；后两者需要消耗能量，是主动的，并在营养物质的运输中占主导地位。

表 2-6　4 种运送方式的比较与模式

比较项目	单纯扩散	促进扩散	主动运送	基团移位
特异载体蛋白	无	有	有	有
运送速度	慢	快	快	快
溶质运送方向	由浓到稀	由浓到稀	由稀到浓	由稀到浓
平衡时内外浓度	相等	相等	内部浓度高得多	内部浓度高得多
运送分子	无特异性	特异性	特异性	特异性
能量消耗	不需要	不需要	需要	需要
运送前后的溶质分子	不变	不变	不变	改变
载体饱和效应	无	有	有	有
与溶质类似物	无竞争性	有竞争性	有竞争性	有竞争性
运送抑制剂	无	有	有	有
运送对象举例	H_2、CO_2、O_2、甘油、乙醇、少数氨基酸、盐类、代谢抑制剂	SO_4^{2-}、PO_4^{3-}、糖（真核生物）	氨基酸、乳糖等糖类、Na^+、Ca^{2+}等无机离子	葡萄糖、果糖、甘露糖、嘌呤、核苷、脂肪酸

1. 营养物质被动扩散进入细胞的机制

营养物质顺着浓度梯度，以扩散方式进入细胞的过程称为被动扩散。被动扩散主要包括单纯扩散和促进扩散。两者的显著差异在于前者不借助载体，后者需要借助载体进行。

（1）单纯扩散　单纯扩散是指在无载体蛋白参与下，物质顺浓度梯度以扩散方式进入细胞的一种物质运送方式。这是物质进出细胞最简单的一种方式。该过程基本是一个物理过程，运输的分子不发生化学反应。其推动力是物质在细胞膜两侧的浓度差，不需要外界提供任何形式的能量。物质运输的速率随着该物质在细胞膜内外的浓度差的降低而减小，当膜两侧物质的浓度相等时，运输的速率降低到零，单纯扩散就停止。

通过这种方式运送的物质主要是一些气体（O_2、CO_2）、水、一些水溶性小分子（乙醇、甘油）、少数氨基酸。影响单纯扩散的因素主要有被运输物质的大小、溶解性、极性、膜外pH、离子浓度和温度等。一般相对分子质量小、脂溶性、极性小、温度高时营养物质容易吸收。

该过程没有特异性和选择性,扩散速度慢,因此不是细胞获取营养物质的主要方式。

(2)促进扩散 促进扩散指物质借助存在于细胞膜上的特异性载体蛋白,顺浓度梯度进入细胞的一种物质运送方式。在促进扩散过程中,被运输的营养物质与膜上的特异性载体蛋白发生可逆性结合,载体蛋白像"渡船"一样把溶质从细胞膜的一侧运送到另一侧,运输前后载体本身不发生变化,载体蛋白的存在只是加快运输过程,有时也称作渗透酶、运动酶。它的外部是疏水性的,但与溶质的特异性结合部位却是高度亲水的。载体亲水部位取代极性溶质分子上的水合壳,实现载体与溶质分子的结合。具有疏水性外表的载体将溶质带入脂质层,达到另一侧。因为胞内溶质浓度低,所以溶质就会在胞内侧释放。

促进扩散过程对被运输的物质有高度的立体专一性。某些载体蛋白只转运一种分子,如葡萄糖载体蛋白只转运葡萄糖;大多数载体蛋白只转运一类分子,如转运芳香族氨基酸的载体蛋白不转运其他氨基酸。

促进扩散通常在微生物处于高营养物质浓度的情况下发生。与简单扩散一样,促进扩散的驱动力也是浓度梯度。此过程中不需要消耗能量。这种特异性的扩散,主要在真核生物中存在。例如,葡萄糖通过促进扩散进入酵母菌细胞;在原核生物中促进扩散比较少见,但发现甘油可通过促进扩散进入沙门菌、志贺菌等肠道细菌细胞。

2.营养物质主动运输进入细胞的机制

对大多数微生物而言,环境中营养物质的浓度总是低于细胞内的浓度,也就是说,这些物质的摄取必须逆浓度梯度地"抽"到细胞内。显然,这个过程需要能量,并且需要载体蛋白。将营养物质逆自身浓度梯度由稀处向浓处移动,并在细胞内富集的过程称为主动运输。

主动运输分为主动运送和基团移位2种运输机制。

(1)主动运送 主动运送是指通过细胞膜上特异性载体蛋白构型变化,同时消耗能量,使膜外低浓度物质进入膜内,且被运输的物质在运输前后并不发生任何化学变化的一种物质运送方式。

这种运送方式也需要载体蛋白参与,因为对被运输的物质有高度的立体专一性,被运输的物质和载体蛋白之间存在亲和力,而且在细胞膜内外亲和力不同,膜外亲和力大于膜内亲和力。因此,被运输的物质与载体蛋白在胞外能形成载体复合物,当进入膜内侧时,载体构象发生变化,亲和力降低,营养物质便被释放出来。

主动运送过程和促进扩散一样需要膜载体的参与,并且被运输物质与载体蛋白的亲和力改变也与载体蛋白构型的改变有关。不同的是,在主动运送过程中载体蛋白构型的变化需要消耗能量。

由于这种方式可以逆浓度差将营养物质输送入细胞,因此,必须由外界提供能量。微生物不同,能量来源也不同,细菌中主动运送所需能量大多来自质子动势。质子动势是一种来自膜内外两侧质子浓度差(膜外质子浓度>膜内质子浓度)的高能量级的势能。是质子化学梯度与膜电位梯度的总和。质子动势可在电子传递时产生,也可在ATP水解时产生。

主动运送是微生物吸收营养物质的主要方式,很多无机离子、有机离子和一些糖类(乳糖、葡萄糖、麦芽糖等)是通过这种方式进入细胞的,对于很多生存于低浓度营养环境中的微生物来说,主动运送是影响其生存的重要营养吸收方式。

(2)基团移位 基团移位是指被运输的物质在膜内受到化学修饰,以被修饰的形式进入细胞的一种物质运送方式。基团移位也有特异性载体蛋白参与,并需要消耗能量。除了营养物质在运输过程中发生了化学变化这一特点外,该过程的其他特点都与主动运送方式相同。基团移位主要用于运送各种糖类(葡萄糖、果糖、甘露糖和 N-乙酰葡萄糖胺等)、核苷酸、丁酸和腺嘌呤等物质。

任务一　牛肉膏蛋白胨培养基的制备

◉ 任务目标

通过对基础培养基的配制,学会配制培养基的一般方法和步骤。

◉ 实施条件

(1)溶液和试剂　牛肉膏、蛋白胨、NaCl、琼脂、1 mol/L NaOH、1 mol/L HCl。

(2)仪器和其他用品　试管、三角瓶、烧杯、量筒、玻璃棒、天平、牛角匙、pH 试纸、棉花、牛皮纸、记号笔、线绳、纱布、漏斗、漏斗架、胶管、止水夹等。

◉ 操作步骤

1.计算药品用量

其配方如下:牛肉膏 3 g,蛋白胨 10 g,NaCl 5 g,琼脂 15~20 g,水 1 000 mL,pH 7.4~7.6,在称量药品前,应按实际用量计算好各种药品的用量。

2.称量药品

按计算好的药品用量称取各种药品放入大烧杯中。

温馨提示:牛肉膏可放在小烧杯或表面皿中称量,用热水溶解后倒入大烧杯;也可放在称量纸上称量,随后放入热水中,当牛肉膏与称量纸分离时,立即取出纸片。蛋白胨极易吸潮,故称量时要迅速。

3.加热溶解

在烧杯中加入少于所需要的水量,然后放在石棉网上,小火加热,并用玻璃棒搅拌,待药品完全溶解后再补充水分至所需量。

4.调 pH

检测培养基的 pH,若 pH 偏酸,可滴加 1 mol/L NaOH,边加边搅拌,并随时用 pH 试纸检测,直至达到所需 pH 范围。若偏碱,则用 1 mol/L HCl 进行调节。pH 的调节通常放在加琼脂之前。应注意 pH 值不要调过头,以免回调而影响培养基内各离子的浓度。

5.融化琼脂

配制固体培养基,需将称好的琼脂放入已溶解的药品中,再加热熔化,此过程中,需不断搅拌,以防琼脂糊底或溢出,最后补足所失的水分。

6.过滤分装

液体培养基可用滤纸过滤,固体培养基可用 4 层纱布趁热过滤,以利培养的观察。但是供一般使用的培养基,这步可省略。按实验要求,可将配制的培养基分装入试管或三角瓶内。分装时可用漏斗以免使培养基沾在管口或瓶口上而造成污染(图 2-1)。

分装量:固体培养基约为试管高度的 1/5,灭菌后制成斜面。分装入三角瓶内以不超过其容积的一半为宜。半固体培养基以试管高度的 1/3 为宜,灭菌后垂直待凝。

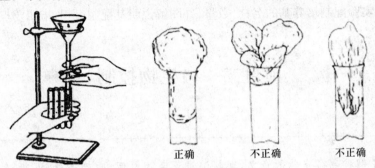

正确　　　　　不正确　　　　不正确

图 2-1　培养基的分装及棉塞制作

7.包扎标记

试管口和三角瓶口塞上用普通棉花(非脱脂棉)制作的棉塞。棉塞的形状、大小和松紧度要合适,四周紧贴管壁,不留缝隙,才能起到防止杂菌侵入和有利通气的作用。要使棉塞总长约 3/5 塞入试管口或瓶口内,以防棉塞脱落。有些微生物需要更好的通气,则可用 8 层纱布制成通气塞。有时也可用试管帽或塑料塞代替棉塞。加塞后,将三角瓶的棉塞外包一层牛皮纸或双层报纸,以防灭菌时冷凝水沾湿棉塞。若培养基分装于试管中,则应以 5 支或 7 支在一起,再于棉塞外包一层牛皮纸,用绳扎好。然后用记号笔注明培养基名称、组别、日期。

8.灭菌

将上述培养基于 121℃湿热灭菌 20 min。如因特殊情况不能及时灭菌,则应放入冰箱内暂存。

9.摆斜面

灭菌后,则需趁热将试管口端搁在一根长木条上,并调整斜度,便斜面的长度不超过试管总长的 1/2(图 2-2)。

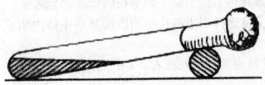

图 2-2　摆斜面

10.无菌检查

将灭菌的培养基放入 37℃温箱中培养 24～48 h,无菌生长即可使用,或贮存于冰箱或清洁的橱内,备用。

◎ **结果分析**

若灭菌的培养基在温箱中培养 24～48 h 后有菌生长,说明灭菌不彻底,应该重新灭菌。

◎ **问题与思考**

(1)配制培养基有哪几个步骤? 在操作过程中应注意些什么问题? 为什么?

(2)培养基制备完成后,为什么必须立即灭菌? 若不能及时灭菌应如何处理? 已灭菌的培养基如何进行无菌检查?

(3)记录本实验配制培养基的名称、数量,并图解说明其配制过程,指明要点。

◆◆◆ 项目二　微生物控制 ◆◆◆

> **知识目标**　了解控制微生物的意义,理解消毒灭菌的原理,明确消毒、灭菌、防腐、无菌等基本概念;了解消毒剂的种类及应用,理解影响消毒与灭菌效果的有关因素。
>
> **能力目标**　掌握常用消毒与灭菌的方法和技术;认识无菌操作的重要性,养成无菌的习惯;在学习中思考多种因素的相互影响。

◉ 必备知识

在微生物研究或生产实践中,常常需要控制所不期望的微生物的生长。任何杀死或抑制微生物的方法都可以达到控制微生物生长的目的,它们包括加热、低温、干燥、辐射、过滤等物理方法和消毒剂、防腐剂、化学治疗剂等化学方法两大类。

由于目的不同,对微生物生长控制的要求和采用的方法也就有很大的不同,因而产生的效果也不同。

(1)灭菌　利用强烈的理化因素杀死物体中所有微生物的措施称为灭菌。

(2)消毒　采用温和的理化因素杀死物体中所有病原微生物的措施称为消毒。

(3)防腐　利用某种理化因素抑制微生物生长的措施称为防腐。

(4)化疗　利用具有高度选择毒力的化学物质抑制宿主体内病原微生物或病变细胞的治疗措施称为化疗。

现将上述 4 个概念的特点和比较列在表 2-7 中。

表 2-7　灭菌、消毒、防腐、化疗的比较

比较项目	灭菌	消毒	防腐	化疗
处理因素	强烈理化因素	温和理化因素	理化因素	化学治疗剂
处理对象	任何物体内外	生物体表、酒、乳等	有机质物体内外	宿主体内
微生物类型	一切微生物	有关病原菌	一切微生物	有关病原菌
对微生物作用	彻底杀灭	杀死或抑制	抑制或杀死	抑制或杀死
实例	加压蒸汽灭菌、辐射灭菌、化学杀菌剂	70%酒精消毒、巴氏消毒法	冷藏、干燥、糖渍、盐腌、缺氧、化学防腐剂	抗生素、抗代谢药物

一、控制微生物生长的物理方法

(一)高温灭菌

当环境温度超过微生物的最高生长温度时就会引起微生物死亡。高温的致死作用,主要是引起蛋白质、核酸和脂类等重要生物大分子发生降解或改变其空间结构等,从而变性或破坏。一定时间内(一般为 10 min)杀死微生物所需要的最低温度称为致死温度。

高温灭菌分为干热灭菌和湿热灭菌,在相同温度下,湿热灭菌效果比干热灭菌好(表2-8)。原因是:①蛋白质的含水量与其凝固温度成反比(表 2-9),因此湿热条件下,菌体吸收水分,菌体蛋白更容易凝固;②热蒸汽穿透能力强(表 2-10);③湿热蒸汽有潜热存在,当蒸汽在物体表面凝结成水时放出大量热量,可提高灭菌物品的温度。

表 2-8 干热与湿热空气对不同细菌的致死时间比较

细菌种类	加热方式		
	干热 90℃/h	湿热 90℃(相对湿度 20%)/h	湿热 90℃(相对湿度 80%)/min
白喉棒杆菌	24	2	2
痢疾杆菌	3	2	2
伤寒杆菌	3	2	2
葡萄球菌	8	3	2

表 2-9 蛋白质含水量与其凝固温度的关系

蛋白质含水量/%	蛋白质凝固温度/℃	灭菌时间/min
50	56	30
25	74～80	30
18	80～90	30
6	145	30
0	160～170	30

表 2-10 干热和湿热空气穿透力的比较

加热方式	温度/℃	加热时间/h	透过布的层数及其温度/℃		
			20 层	40 层	100 层
干热	130～140	4	86	72	70 以下
湿热	105	4	101	101	101

1. 干热灭菌

干热灭菌是通过灼烧或烘烤等方法杀死微生物。

(1)火焰灼烧法 实验室常用酒精灯火焰灼烧接种工具和试管口等物品。医院常焚烧污染物品及实验动物尸体等。此法灭菌彻底、迅速、简便。

(2)烘箱热空气法　通常将灭菌物品放入电热烘箱内,在 150～170℃下维持 1～2 h 可达到彻底灭菌(包括细菌的芽孢)的目的。利用热空气灭菌,灭菌时间可根据被灭菌物品的体积作适当调整。该法适用于金属器械和玻璃器皿等耐热物品的灭菌,也可用于油料和粉料物质的灭菌。

2. 湿热灭菌

(1)常压法

①巴氏消毒法:此法最早由法国微生物学家巴斯德采用。这是一种专用于牛乳、啤酒、果酒或酱油等不宜进行高温灭菌的液态风味食品或调料的低温消毒方法。此法可杀灭物料中的无芽孢病原菌(如牛乳中的结核分枝杆菌或沙门菌),又不影响其原有风味。具体做法可分为 2 类:第 1 类是经典的低温维持法(LTH),例如用于牛乳消毒只要在 63℃维持 30 min 即可;第 2 类是较现代的高温瞬时法(HTST),用此法进行牛乳消毒时只要在 72℃维持 15 s。近年来,牛乳和其他液态食品一般都采用超高温瞬时灭菌技术(UHT),即 138～142℃灭菌 2～4 s,即可杀菌,又能保质,还可缩短时间,提高经济效益。

②煮沸消毒法:物品在水中煮沸(100℃)15 min 以上,可使某些病毒失活,可杀死细菌及真菌的所有营养细胞和部分芽孢、孢子。如延长时间或加入 1‰碳酸钠或 2％～5％石炭酸,则效果更好。此法适用于解剖器具、家庭餐具和饮用水等的消毒。

③间歇灭菌法:又称分段灭菌法或丁达尔灭菌法。将待灭菌物品于常压下加热至 100℃处理 15～16 min,杀死其中营养细胞。冷却后 37℃保温过夜,使其中残存芽孢萌发成营养细胞,第 2 天再以同样的方法加热处理,反复 3 次,可杀灭所有的芽孢和营养细胞,达到灭菌目的。此法主要适用于一些不耐高温的培养基、营养物等的灭菌,缺点是较费时间。

(2)加压法

①常规加压蒸汽灭菌法:一般称作"高压蒸汽灭菌法"。这是一种利用高温(而非压力)进行湿热灭菌的方法,优点是操作简便、效果可靠,故被广泛使用。其原理是将待灭菌的物件放置在盛有适量水的专用加压灭菌锅(或家用压力锅)内,盖上锅盖,并打开排气阀,通过加热煮沸,让蒸汽驱尽锅内原有的空气,然后关闭锅盖上的阀门,再继续加热,使锅内蒸汽压逐渐上升,随之温度也相应上升至 100℃以上。为达到良好的灭菌效果,一般要求温度应达到 121.5℃(0.1 MPa),时间维持 15～30 min。有时为防止培养基内葡萄糖等成分的破坏,也可采用在较低温度(115.6℃,即 0.07 MPa)下维持 35 min 的方法。加压蒸汽灭菌法适合于一切微生物学实验室、医疗保健机构或发酵工厂中对培养基及多种器材或物料的灭菌。

②连续加压蒸汽灭菌法:在发酵行业里也称"连消法"。此法仅用于大型发酵厂的大批量培养基的灭菌。主要操作原理是让培养基在管道的流动过程中快速升温、维持和冷却,然后流进发酵罐。培养基一般加热至 135～140℃下维持 5～15 s。其优点:a. 采用高温瞬时灭菌,既进行了彻底灭菌,又有效地减少了营养成分的破坏,从而提高了原料的利用率和发酵产品的质量和产量,在抗生素发酵中,它可比常规的"实罐灭菌"(120℃,30 min)提高产量 5％～10％;b. 由于总的灭菌时间比分批灭菌法明显减少,故缩短了发酵罐的占用时间,提高了它的利用率;c. 由于蒸汽负荷均衡,故提高了锅炉的利用效率;d. 适宜于自动化操作,降低了操作人员的劳动强度。

(二)低温抑菌

低温的作用主要是抑菌。它可使微生物的代谢活力降低,生长繁殖停滞,但仍能保持活性。低温法常用于保藏食品和菌种。

(1)冷藏法　将新鲜食物放在4℃冰箱保存,防止腐败。然而贮藏只能维持几天,因为低温下耐冷微生物仍能生长,造成食品腐败。利用低温下微生物生长缓慢的特点,可将微生物斜面菌种放置于4℃冰箱中保存数周至数月。

(2)冷冻法　家庭或食品工业中采用-20～-10℃的冷冻温度,使食品冷冻成固态加以保存,在此条件下,微生物基本上不生长,保存时间比冷藏法长。冷冻法也适用于菌种保藏,所用温度更低,如-20℃低温冰箱、-70℃超低温冰箱或-195℃液氮。

(三)辐射

辐射主要有紫外光、电离辐射、强可见光等,可用于控制微生物生长和保存食品。

(1)紫外光　由波长100～400 nm的光组成,其中200～300 nm范围的紫外光杀菌作用最强。紫外光杀菌作用主要是它可以被蛋白质(约280 nm)和核酸(约260 nm)吸收,使其变性失活。核酸中的胸腺嘧啶吸收紫外光后形成二聚体,导致DNA复制和转录中遗传密码阅读错误,引起致死突变。紫外光还可使空气中分子氧变为臭氧,分解放出氧化能力极强的新生态氧,即氧的自由基,破坏细胞物质的结构,使菌体死亡。紫外光穿透能力很差,只能用于物体表面或室内空气的灭菌。紫外光灭活病毒特别有效,对其他微生物细胞的灭活作用因DNA修复机制的存在受到影响。

紫外光的杀菌效果也与菌种的生理状态有关。干细胞抗紫外辐射能力比活细胞强,孢子抗性比营养细胞强,带色细胞的色素若可吸收紫外光也可起保护作用。

(2)电离辐射　控制微生物生长所用的电离辐射主要是X射线和γ射线。电离辐射波长短,穿透力强,能量高,效应无专一性,作用于一切细胞成分。主要用于其他方法不能解决的塑料制品、医疗设备、药品和食品的灭菌。γ射线是某些放射性同位素,如^{60}Co发射出的高能辐射具较强穿透能力,能致死所有微生物。已有专门用于不耐热的大体积物品消毒的γ射线装置。

(3)强可见光　太阳光具有杀菌作用,主要是由紫外光造成的。但含有400～700 nm波长范围的强可见光也具有直接的杀菌效应,它们能够氧化细菌细胞内的光敏感分子,如核黄素和卟啉环(构成氧化酶的成分)。因此,实验室应注意避免将细菌培养物暴露于强光下。此外,曙红和四甲基蓝能吸收强可见光使蛋白质和核酸氧化,因此常将两者结合用来灭活病毒和细菌。

(四)干燥和渗透压

微生物代谢离不开水。干燥或提高溶液渗透压降低微生物可利用水的量或活度,可抑制其生长。

(1)干燥　干燥的主要作用是抑菌,使细菌失水,代谢停止,也可引起某些微生物死亡。干果、稻谷、乳粉等食品通常采用干燥法保存,防止腐败。不同微生物对干燥的敏感性不同,G$^-$细菌,如淋病球菌对干燥特别敏感,几小时便死亡;但结核分枝杆菌特别耐干燥,在此环境中,100℃、20 min仍能生存;链球菌用干燥法保存几年而不丧失致病性。休眠孢子抗干燥能力很强,在干燥条件下可长期不死。故可用于菌种保藏。

(2)渗透压　一般微生物都不耐高渗透压。微生物在高渗环境中,水从细胞中流出,使细胞脱水。盐腌制咸肉或咸鱼,糖浸果脯或蜜饯等均是利用此法保存食品的。

(五)过滤除菌

过滤除菌是将液体通过某种多孔的材料,使微生物与液体分离。现今大多用膜滤器除菌。膜滤器用微孔滤膜作材料,通常由硝酸纤维素制成,可根据需要选择 25～0.025 μm 的特定孔径。含微生物的液体通过微孔滤膜时,大于滤膜孔径的微生物被阻拦在膜上,与滤液分离。微孔滤膜具有孔径小、价格低、滤速快、不易阻塞、可高压灭菌及可处理大容量液体等优点。但也有使用小于 0.22 μm 孔径滤膜时易引起虑孔阻塞的缺点,而当使用 0.22 μm 孔径滤膜时,虽可基本滤除溶液中存在的细菌,但病毒及支原体等可通过。

过滤除菌可用于对热敏感液体的灭菌,如含有酶或维生素的溶液、血液等,还可用于啤酒生产代替巴氏消毒法。

(六)超声波

超声波(频率在 20 000 Hz 以上)具有强烈的生物学作用。它致死微生物的主要原理是:通过探头的高频振动引起周围水溶液的高频振动,当探头和水溶液的高频振动不同步时能在溶液内产生空穴(真空区),只要菌体接近或进入空穴,由于细胞内外压力差,导致细胞破裂,内含物外溢,从而实现杀灭微生物。此外,超声波振动,机械能转变为热能,使溶液温度升高,细胞热变性,抑制或杀死微生物。科研中常用此法破碎细胞,研究其组成、结构等。超声波几乎对所有微生物都有破坏作用,效果因作用时间、频率及微生物种类、数量、形状而异。一般地,高频率比低频率杀菌效果好,球菌较杆菌抗性强,细菌芽孢具有更强的抗性。

二、控制微生物生长的化学方法

许多化学试剂可抑制或杀灭微生物,因而被用于微生物生长的控制,它们被分为 3 类:消毒剂、防腐剂、化学治疗剂。化学治疗剂是指能直接干扰病原微生物的生长繁殖并可用于治疗感染性疾病的化学药物,按其作用和性质又可分为抗代谢物和抗生素。

1. 消毒剂和防腐剂

消毒剂是可抑制或杀灭微生物,对人体也可能产生有害作用的化学药剂,主要用于抑制或杀灭非生物体表面、器械、排泄物和环境中的微生物。防腐剂是可抑制微生物但对人和动物毒性较低的化学药剂,可用于机体表面如皮肤、黏膜、伤口等处防止感染,也可用于食品、饮料、药品的防腐。现消毒剂和防腐剂间的界线已不严格,如高浓度(3%～5%)的石炭酸用于器皿表面消毒,低浓度(0.5%)的石炭酸用于生物制品的防腐。本节将消毒剂和防腐剂一起讨论。理想的消毒剂和防腐剂应具有作用快、效力大、渗透强、易配制、价格低、毒性小、无怪味的特点。完全符合上述要求的化学药剂很少,根据需要尽可能选择具有较多优良特性的化学药剂。

(1)醇类 醇类是脂溶剂,可损伤细胞膜,同时使蛋白质变性,低级醇还是脱水剂,因而具有杀菌能力。但醇类对细菌芽孢无效,主要用于皮肤及器械消毒。其杀菌作用是丁醇>丙醇>乙醇>甲醇,丁醇以上不溶于水,甲醇毒性较大,通常用乙醇。无水乙醇与菌体接触后使细胞迅速脱水,表面蛋白凝固形成保护膜,阻止乙醇进一步渗入,影响杀菌能力。实验表明,70%乙醇杀菌效果最好,实际常用 75%乙醇。

(2)醛类 醛类的作用主要是使蛋白质烷基化,改变酶或蛋白质的活性,使微生物的生长受到抑制或死亡。常用的醛类是甲醛,37%～40%甲醛溶液称福尔马林,因有刺激性和腐蚀性,不宜在人体使用,常以 2%甲醛溶液浸泡器械,10%甲醛溶液熏蒸房间。

(3)酚类 低浓度的酚可破坏细胞膜组分,高浓度的酚凝固菌体蛋白。酚还能破坏结合在膜上的氧化酶与脱氢酶,引起细胞的迅速死亡。常用的苯酚又称石炭酸,0.5%可消毒皮肤,2%～5%可消毒痰、粪便与器皿,5%可喷雾消毒空气。甲酚是酚的衍生物,杀菌效果比苯酚强几倍,但在水中的溶解度较低,可在皂液或碱性溶液中形成乳浊液。市售的消毒剂来苏儿就是甲酚与肥皂的混合液,常用 3%～5%的溶液消毒皮肤、桌面及用具。

(4)表面活性剂 主要是破坏菌体细胞膜的结构,造成胞内物质泄漏,蛋白质变性,菌体死亡。肥皂是一种阴离子表面活性剂,对肺炎链球菌或链球菌有效,但对葡萄球菌、结核分枝杆菌无效,0.25%的肥皂溶液对链球菌的作用比 0.7%来苏儿或 0.1%的升汞还强,但一般认为肥皂的作用主要是机械地移去微生物,微生物附着于肥皂泡沫中被水冲洗掉。常用的新洁尔灭是人工合成的季铵盐阳离子表面活性剂,0.05%～0.1%新洁尔灭溶液用于皮肤、黏膜和器械消毒。

(5)染料 一些碱性染料的阳离子可与菌体的羧基或磷酸基作用,形成弱电离的化合物,妨碍菌体的正常代谢,抑制生长。结晶紫可干扰细菌细胞壁肽聚糖的合成,阻碍 UDP-N-乙酰胞壁酸转变为 UDP-N-乙酰胞壁酸五肽。临床上常用 2%～4%的水溶液即紫药水消毒皮肤和伤口。

(6)氧化剂类 氧化剂作用于蛋白质的巯基,使蛋白质和酶失活,强氧化剂还可破坏蛋白质的氨基和酚羟基。常用的氧化剂有卤素、过氧化氢、高锰酸钾。95%乙醇-2%碘-2%碘化钠、83%乙醇-7%碘-5%碘化钾、5%碘-10%碘化钾水溶液等的混合液称为碘酒,消毒皮肤比其他药品强。氯对金属有腐蚀作用,一般用于水消毒,氯溶解于水形成盐酸和次氯酸,次氯酸在酸性环境中解离放出新生态氧,具强烈的氧化作用而杀菌。漂白粉主要含次氯酸钙,次氯酸钙很不稳定,水解成次氯酸,也产生新生态氧。0.5%～1%的漂白粉溶液能在 5 min 内杀死大部分细菌。

(7)重金属 高浓度的重金属及其化合物都是有效的杀菌剂或防腐剂,常用汞及其衍生物。二氯化汞又称升汞,1:(500～2 000)液可杀灭大多数细菌,但其腐蚀金属,对动物有剧毒,常用于消毒皮肤、黏膜及小创伤,不可与碘酒共用。

银是温和的消毒剂,0.1%～1%硝酸银可消毒皮肤,1%硝酸银可防治新生儿传染性眼炎。硫酸铜对真菌和藻类有强杀伤力,与石灰配制的波尔多液可防治某些植物病害。

(8)酸碱类 酸碱类物质可抑制或杀灭微生物。生石灰常以 1:(4～8)配成糊状,消毒排泄物及地面。有机酸解离度小,但有些有机酸的杀力反而更大,作用机制是抑制酶或代谢活动,并非酸度的作用。苯甲酸、山梨酸和丙酸广泛用于食品、饮料等的防腐,在偏酸性条件下有抑菌作用。

2.抗代谢物

有些化合物结构与生物的代谢物很相似,竞争特定的酶,阻碍酶的功能,干扰正常代谢,这些物质称为抗代谢物。抗代谢物种类较多,如磺胺类药物为对氨基苯甲酸的对抗物,6-巯基嘌呤是嘌呤的对抗物,5-甲基色氨酸是色氨酸的对抗物,异烟肼(雷米封)是吡哆醇的对抗物。

磺胺类药物是最常用的化学治疗剂,具有抗菌谱广、性质稳定、使用简便、在体内分布广等优点,可抑制肺炎链球菌和痢疾志贺菌等的生长繁殖,能治疗多种传染性疾病。

磺胺类药物能干扰细菌的叶酸合成。细菌叶酸是由对氨基苯甲酸(PABA)和二氢蝶啶在二氢蝶酸合成酶的作用下先合成二氢蝶酸。二氢蝶酸与谷氨酸经二氢叶酸合成酶的催化,形成二氢叶酸,再通过二氢叶酸还原酶的催化生成四氢叶酸。磺胺与 PABA 的化学结构相似,磺胺浓度高时可与 PABA 争夺二氢蝶酸的合成酶,阻断二氢蝶酸的合成。

四氢叶酸(THFA)是极重要的辅酶,在核苷酸、碱基和某些氨基酸的合成中起重要作用,缺少四氢叶酸,阻碍转甲基反应,代谢紊乱,抑制细菌生长。

磺胺结构式中 R 如被不同基团取代,可生成不同的衍生物。其疗效比磺胺好,它们对细菌的毒性大,对人及动物毒性很小。甲氧苄二氨嘧啶(TMP)的抗菌力较磺胺强,又能增强磺胺和多种抗生素的作用,又称抗菌增效剂。它的作用机理是抑制二氢叶酸还原酶的功能。

磺胺类药物能抑制细菌生长,但并不干扰动物和人的细胞,因为许多细菌需要自己合成叶酸生长,而动物和人则可利用现成的叶酸生活。

3. 抗生素

抗生素是生物在其生命活动过程中产生的一种次生代谢物或其人工衍生物,它们在很低浓度时就能抑制或影响某些生物的生命活动,因而可用作优良的化学药剂。

抗生素抑制或杀死微生物的能力可以从抗生素的抗菌谱和效价两方面来评价。

由于不同微生物对不同抗生素的敏感性不一样,抗生素的作用对象就有一定的范围,这称为抗生素的抗菌谱。通常将对多种微生物有作用的抗生素称为广谱抗生素,如四环素、土霉素既对 G$^+$ 菌又对 G$^-$ 菌有作用;而只对少数几种微生物有作用的抗生素则称为狭谱抗生素,如青霉素只对 G$^+$ 菌有效。

抗生素的效价单位就是指微量抗生素有效成分多少的一种计量单位。有的是以抗生素的相当生物活性单位的质量作为单位,如 1 μg$=$1 单位(u),链霉素盐酸盐就是以此来表示的;有的则是以纯抗生素的活性单位相当的实际重量(m)为 1 单位而加以折算的,如青霉素单位最初是以能在 50 mL 肉汤培养基内完全抑制金黄色葡萄球菌生长的最小的青霉素量作为 1 个单位,以后青霉素纯化后确定这一量相当于青霉素钠盐 0.598 8 μg,因而定 0.598 8 μg 青霉素钠盐为 1 个青霉素单位。

抗生素的种类很多,其作用机制大致分为 4 类:①抑制细胞壁的合成。②破坏细胞膜的功能。③抑制蛋白质的合成。④抑制核酸的合成。

随着各种化学治疗剂的广泛应用,葡萄球菌、大肠杆菌、痢疾志贺菌、结核分枝杆菌等致病菌表现出越来越强的抗药性,给医疗带来困难。抗性菌株的抗药性主要表现在以下方面:①细菌产生钝化或分解药物的酶。②改变细胞膜的透性。③改变对药物敏感的位点。④菌株发生变异。

为避免细菌出现耐药性,使用抗生素必须注意:①首次使用的药物剂量要足。②避免长期单一使用同种抗生素。③不同抗生素混合使用。④改造现有抗生素。⑤筛选新的高效抗生素。

◉ 拓展知识

一般培养基用 0.1 MPa(相当于 15 lb/in^2 或 1.05 kg/cm^2)、121.5℃,15~30 min 可达到彻底灭菌的目的。灭菌的温度及维持的时间随灭菌物品的性质和容量等具体情况而有所改变。例如含糖培养基用 0.06 MPa(8 lb/in^2 或 0.59 kg/cm^2)、112.6℃灭菌,然后以无菌操作加入灭菌的糖溶液。又如盛于试管内的培养基以 0.1 MPa、121.5℃灭菌 20 min 即可,而盛于大瓶内的培养基最好以 0.1 MPa、122℃灭菌 30 min。灭菌锅留有不同分量空气时压力与温度的关系见表 2-11。

表 2-11　灭菌锅留有不同分量空气时压力与温度的关系

压力数			全部空气排出时的温度/℃	2/3 空气排出时的温度/℃	1/2 空气排出时的温度/℃	1/3 空气排出时的温度/℃	空气全不排出时的温度/℃
MPa	kg/cm²	lb/in²					
0.03	0.35	5	108.8	100	94	90	72
0.07	0.70	10	115.6	109	105	100	90
0.10	10.5	15	121.3	115	112	109	100
0.14	1.40	20	126.2	121	118	115	109
0.17	1.75	25	130.0	126	124	121	115
0.21	2.10	30	134.6	130	128	126	121

　　现在法定压力单位已不用 lb/in² 和 kg/cm² 表示，而是用 Pa 表示，其换算关系为 1 kg/cm² = 98 066.5 Pa；1 lb/in² = 6 894.76 Pa。

　　紫外线灭菌是用紫外线灯进行的。波长为 200～300 nm 的紫外线都有杀菌能力，其中以 260 nm 的杀菌力最强。在波长一定的条件下，紫外线的杀菌效率与强度和时间的乘积成正比。紫外线杀菌机理主要是因为它诱导了胸腺嘧啶二聚体的形成和 DNA 链的交联，从而抑制了 DNA 的复制。此外，由于辐射能使空气中的氧电离成新生态氧，再使 O_2 氧化生成臭氧 (O_3) 或使水 (H_2O) 氧化生成过氧化氢 (H_2O_2)。O_3 和 H_2O_2 均有杀菌作用。紫外线穿透力不大，所以，只适用于无菌室，接种箱，手术室内的空气及物体表面的灭菌。紫外线灯距照射物以不超过 1.2 m 为宜。

　　此外，为了加强紫外线灭菌效果，在打开紫外灯以前；可在无菌室内（或接种箱内）喷洒 3%～5% 石炭酸溶液，一方面使空气中附着有微生物的尘埃降落，另一方面也可以杀死一部分细菌。无菌室内的桌面、凳子可用 2%～3% 的来苏儿擦洗，然后再开紫外灯照射，即可增强杀菌效果，达到灭菌目的。

任务二　高压蒸汽灭菌

◎ 任务目标

　　学会高压蒸汽灭菌的操作方法，完成牛肉膏蛋白胨培养基的灭菌工作。

◎ 实施条件

　　牛肉膏蛋白胨培养基、手提式高压蒸汽灭菌锅等。

◎ 操作步骤

　　1. 加水

　　首先将内层锅取出，再向外层锅内加入适量的水，使水面与三角搁架相平为宜。

温馨提示:切勿忘记加水,同时水量不可过少,以防灭菌锅烧干而引起炸裂事故。

2.装锅加盖

放回内层锅,并装入待灭菌物品,并将盖上的排气软管插入内层锅的排气槽内。再以两两对称的方式同时旋紧相对的两个螺栓,使螺栓松紧一致,勿使漏气。

温馨提示:注意不要装得太挤,以免妨碍蒸汽流通而影响灭菌效果。三角烧瓶与试管口端均不要与锅壁接触,以免冷凝水淋湿包口的纸而透入棉塞。

3.排冷气

用电炉或煤气加热,并同时打开排气阀,使水沸腾以排除锅内的冷空气。当排出的气流很强并有嘘声时,表明锅内的空气已排净(沸腾后约 5 min)。

4.升温

待冷空气完全排尽后,关上排气阀,让锅内的温度随蒸汽压力增加到逐渐上升。

5.恒温

当锅内压力升到所需压力时,控制热源,维持压力至所需时间。本实验用 0.1 MPa、121℃、20 min 灭菌。

灭菌的主要因素是温度而不是压力。因此,锅内冷空气必须完全排尽后才能关上排气阀,维持所需压力。

6.降温

灭菌所需时间到后,切断电源或关闭煤气,让灭菌锅内温度自然下降,当压力表的压力降至"0"时打开排气阀,旋松螺栓,打开盖子,取出灭菌物品。

温馨提示:压力一定要降到"0"时才能打开排气阀,开盖取物。否则就会因锅内压力突然下降,使容器内的培养基由于内外压力不平衡而冲出烧瓶口或试管口,造成棉塞沾染培养基而发生污染,甚至灼伤操作者。

7.无菌检查

将取出的灭菌培养基,需摆斜面的则摆成斜面,然后放入 37℃温箱培养 24~48 h,经检查若无杂菌生长,即可待用。

◎ 结果分析

将已灭菌的培养基于 37℃温箱培养 24~48 h,若有菌长出,说明灭菌不彻底。原因可能是:锅内压力(或温度)未达到要求值;锅内待灭菌物品过多;灭菌时间不够长;锅内空气未排净。

◎ 问题与思考

(1)高压蒸汽灭菌开始之前,为什么要将锅内冷空气排尽? 灭菌完毕后,为什么待压力降低"0"时才能打开排气阀,开盖取物?

(2)在使用高压蒸汽灭菌锅灭菌时,怎样杜绝一切不安全的因素?

(3)灭菌在微生物实验操作中有何重要意义?

(4)黑曲霉的孢子与芽孢杆菌的芽孢对热的抗性哪个最强? 为什么?

任务三 干热灭菌

◉ 任务目标

掌握干热灭菌的操作方法,完成培养皿、移液管等的灭菌工作。

◉ 实施条件

培养皿、移液管、电烘箱等。

◉ 操作步骤

1. 装箱

将包扎好的待灭菌物品(培养皿、吸管等)放入电烘箱内,关好箱门。物品不要摆得太满、太紧,以免空气流通不畅,影响灭菌效果。

温馨提示:灭菌物品不要接触箱体内壁的铁板,以防包装纸烤焦起火。

2. 升温

接通电源,拨动开关,打开电烘箱排气孔,旋动恒温调节器至绿灯亮,让温度逐渐上升。当温度升至 100℃时,关闭排气孔。在升温过程中,如果红灯熄灭,绿灯亮,表示箱内停止加温,此时如果还未达到所需的 160～170℃,则需转动调节器使红灯再亮,如此反复调节,直至达到所需温度。

3. 恒温

当温度升达到 160～170℃时,恒温调节器会自动控制调节温度,保持此温度 2h。

温馨提示:干热灭菌过程中,严防恒温调节的自动控制失灵而造成安全事故。

4. 降温

切断电源、自然降温。

5. 开箱取物

待电烘箱内温度降到 70℃以下后,打开箱门,取出灭菌物品。电烘箱内温度未降到 70℃以下,切勿自行打开箱门以免骤然降温导致玻璃器皿炸裂。

◉ 结果分析

检查灭菌是否彻底。

◉ 问题与思考

(1)在干热灭菌操作过程中应注意哪些问题?为什么?

(2)为什么干热火菌比湿热灭菌所需要的温度要高,时间要长?请设计干热灭菌和湿热灭菌效果比较实验方案。

(3)完成实验报告单。

任务四　紫外线杀菌实验

◉ 任务目标

了解紫外线对微生物生长的影响。

◉ 实施条件

(1)培养基　牛肉膏蛋白胨平板。

(2)溶液或试剂　3%～5%石炭酸或2%～3%来苏儿溶液。

(3)仪器或其他用具　紫外线灯。

◉ 操作步骤

1.单用紫外线照射

(1)紫外线照射　在无菌室内或在接种箱内打开紫外线灯开关,照射30 min,将开关关闭。

(2)平板开盖　将牛肉膏蛋白胨平板盖打开15 min,然后盖上皿盖。

(3)培养　置37℃培养24 h。共做3套。

(4)菌落计数　检查每个平板上生长的菌落数。如果不超过4个,说明灭菌效果良好,否则,需延长照射时间或同时加强其他措施。

2.化学消毒剂与紫外线照射结合使用

①在无菌室内,先喷洒3%～5%的石炭酸溶液,再用紫外线灯照射15 min。

②无菌室内的桌面、凳子用2%～3%来苏儿擦洗,再打开紫外线灯照射15 min。

③检查灭菌效果[方法同"单用紫外线照射"步骤(2)～(4)]。

温馨提示:因紫外线对眼结膜及视神经有损伤作用,对皮肤有刺激作用,故不能在直视紫外线灯光下工作。

◉ 结果分析

记录2种灭菌效果于下表中。

处理方法	平板菌落数			菌效果比较
	1	2	3	
紫外线照射				
3%～5%石炭酸＋紫外线照射				
2%～3%来苏儿＋紫外线照射				

◉ 问题与思考

(1)细菌营养体细胞和细菌芽孢对紫外线和的抵抗力会一样吗？为什么？

(2)你知道紫外线灯管是用什么玻璃制作的吗？为什么不用普通灯用玻璃？

(3)在紫外灯下观察实验结果时，为什么要隔一块普通玻璃？

任务五 化学药剂对微生物生长的影响

◉ 任务目标

了解化学药剂对微生物的影响。

◉ 实施条件

(1)菌种 大肠杆菌、枯草芽孢杆菌、金黄色葡萄球菌 18～24 h 斜面培养物。

(2)培养基 牛肉膏蛋白胨培养基。

(3)其他物品 无菌平皿、无菌水、无菌吸管(1 mL)、玻璃涂布棒、无菌镊子、直径 0.6 cm 的无菌圆形滤纸片。

(4)药剂 1 g/L HgCl$_2$、200 μg/L 链霉素、200 μg/L 青霉素、50 g/L 石炭酸。

◉ 操作步骤

1. 制备菌悬液

取无菌水 3 支分别标记大肠杆菌、枯草芽孢杆菌、金黄色葡萄球菌的名称。用接种环分别在大肠杆菌、金黄色葡萄球菌和枯草芽孢杆菌斜面培养物上各取 1～2 环对应接入相应的无菌水中，充分混匀，制成菌悬液。

2. 制平板

取无菌平皿 3 套，将已熔化并冷却至 45～50℃的牛肉膏蛋白胨琼脂培养基按无菌操作法倒入平皿中，使冷凝成平板。3 个平板分别标记大肠杆菌、枯草芽孢杆菌、金黄色葡萄球菌的名称。

3. 接种

用无菌吸管分别吸取已经制好的大肠杆菌、枯草芽孢杆菌、金黄色葡萄球菌的菌悬液各 0.1 mL 接种于对应的平板上，用无菌玻璃涂布棒涂匀。注意做好标记。

4. 浸药

将灭菌滤纸片若干，分别浸入 HgCl$_2$、链霉素、青霉素、石炭酸 4 种供试药剂中。

5. 加药剂

用无菌镊子夹取 4 种浸药滤纸片(注意把药液沥干)，分别平铺于同一含菌平板上，注意药剂之间勿相互沾染，并在平皿背面做好标记。

6. 培养

将上述平板置于 28℃下培养 48～72 h 后观察结果。

7. 观察结果

取出平板观察滤纸片周围有无抑菌圈产生，并测量抑菌圈的大小。

◉ 结果分析

根据实验结果，将不同药剂对微生物的影响记录于下表中。

细菌	化学药剂名称			
	HgCl$_2$(1 g/L)	链霉素(200 μg/L)	青霉素(200 μg/L)	石炭酸(50 g/L)
大肠杆菌				
金黄色葡萄球菌				
枯草芽孢杆菌				

◉ **问题与思考**

(1)多个试验中,为什么选用大肠杆菌、枯草芽孢杆菌和金黄色葡萄球菌作为试验菌?

(2)说明青霉素和链霉素的作用原理。

项目三　微生物的接种

知识目标　知道无菌操作的概念,掌握常用的接种方法及适用范围。

能力目标　掌握无菌操作技术和常用的接种方法。

◉ **必备知识**

　　微生物接种技术是进行微生物试验和相关研究的一项基本操作技术,是将一种微生物移接到另一灭过菌的新鲜培养基中的技术。根据不同的目的,可采用不同的接种方法,如斜面接种、液体接种、穿刺接种、平板接种等。接种方法不同,常采用不同的接种工具,如接种针、接种环、吸管、涂布器等。转接的菌种都是纯培养的微生物,为了确保纯种不被杂菌污染,在接种过程中,必须严格无菌操作。

　　无菌操作是微生物接种技术的关键,如果操作不当引起污染,则实验结果就不可靠,影响下一步工作的进行。无菌操作的要点是在酒精灯火焰附近进行熟练操作,或在接种箱、无菌室的无菌环境下进行操作。

　　培养基经高压灭菌后,用经过灭菌的工具(如接种针和吸管等)在无菌条件下接种含菌材料(如样品、菌苔或菌悬液等)于培养基上,这个过程叫做无菌接种操作。在实验室检验中的各种接种必须是无菌操作。

　　实验台面不论是什么材料,一律要求光滑、水平。光滑是便于用消毒剂擦洗;水平是倒琼脂培养基时利于培养皿内平板的厚度保持一致。在实验台上方,空气流动应缓慢,杂菌应尽量减少,其周围杂菌也应越少越好。为此,必须清扫室内,关闭实验室的门窗,并用消毒剂进行空气消毒处理,尽可能地减少杂菌的数量。

　　空气中的杂菌在气流小的情况下,随着灰尘落下,所以接种时,打开培养皿的时间应尽量短。用于接种的器具必须经干热或火焰等灭菌。接种环的火焰灭菌方法:通常接种环在火焰上充分烧红(接种柄,一边转动一边慢慢地来回通过火焰3次),冷却,先接触一下培养基,待接种环冷却到室温后,方可用它来挑取含菌材料或菌体,迅速地接种到新的培养基上。

　　然后,将接种环从柄部至环端逐渐通过火焰灭菌,复原。不要直接烧环,以免残留在接种环上的菌体爆溅而污染空间。平板接种时,通常把平板的面倾斜,把培养皿的盖打开一小部分进行接种。在向培养皿内倒培养基或接种时,试管口或瓶壁外面不要接触底皿边,试管或瓶口应倾斜一下在火焰上通过。

一、斜面接种法

　　此法主要用于移种纯菌,使其增殖后用于鉴定或保存菌种。通常是从平板培养物上挑取某一单独菌落或者从一支已长好的斜面菌种移种至斜面培养基上(图2-3),接种步骤如下(以从已长好的斜面菌种转接为例):①左手拿两支试管,一支为已经灭菌的斜面,另一支为已长好的菌种。右手持接种环或接种针通过火焰灭菌后冷却,并同时以右手小指和无名指轻轻拔取2支试管的棉塞或试管帽(先转动棉塞后拔去),夹持于手指间。②将试管口通过火焰数次,并稍转动,以防止外界的污染。③首先将接种环伸入有菌试管,使接种环接触菌苔取少量菌,取出接

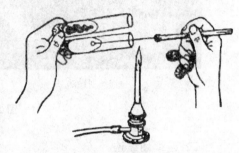

图2-3　斜面接种

种环,立即将管口通过火焰灭菌后将接种环伸入斜面管内,先从斜面底部到顶端拖一条接种线,再自下而上地蜿蜒涂布,或直接自斜面底部向上蜿蜒涂布。此步骤注意接种环不可碰试管壁和接种时不要划破培养基。④烧试管口,塞好棉塞或盖好试管帽,将接种环插到酒精瓶中。

二、倾注培养法

　　本法用于样品中细菌、霉菌的计数。方法是取原始样品或经适当稀释的(通常是$10^{-1} \sim 10^{-5}$稀释)液体1 mL,置于直径9 cm无菌平皿内,倾入已熔化并冷却至50℃左右的培养基13~15 mL,立即混匀,待凝固后倒置,于一定温度下培养一定时间,作菌落计数。

三、平板划线接种法

　　本法是将细菌分离培养的常用技术,其目的是将混有多种细菌的培养物,或标本中不同的细菌(病原菌与非病原菌)使其分散生长,形成单个菌落或分离出单一菌株,便于识别鉴定。平板划线接种方法较多,其中以分段划线法与曲线划线法较为常用(图2-4)。

(一)分段划线法

　　本法多用于含菌量较多的标本。方法是以接种环蘸取少许样品先涂布于平板培养基表面一角作为第1段划线(划线时接种环与培养基表面成45°角),然后将接种环置火焰上灭菌,待冷(可接触平板试之,如不熔化琼脂,即已冷却),于第2段处再作划线,且在开始划线时与第1段的划线相交接数次,以后划线不必再相接,待第2段划完时,再如上法灭菌,接种划线,依次划至最后一段,灭菌接种环。这样每一段划线内的细菌数逐渐减少,即以获得单个菌落,划线接种完毕,盖好平皿盖,倒置(平板底部向上)于37℃温箱中培养。

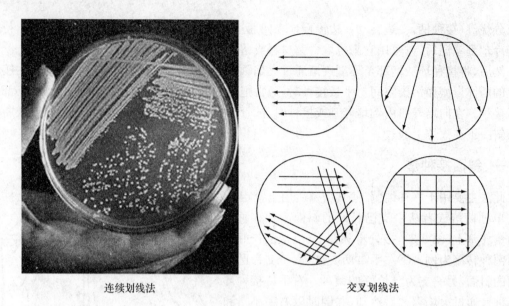

连续划线法   交叉划线法

图 2-4　平板划线接种

(二)连续划线法

此法多用于接种材料中含菌数量不太多的样品或培养物。方法是先将样品或培养物涂于平板表面的一角,然后用接种环自样品涂擦处开始,向左右两侧划开并逐渐向下移动,连续划成若干条分散的平等线。

四、穿刺接种法

此法多用于双糖、半固体、明胶等培养基的接种,方法与斜面接种类似。用接种针挑取菌落或菌液少许,由培养基表面中央直刺至管底,然后沿穿刺线拔出接种针(注:接种半固体培养基检验微生物运动性时不穿刺到底)(图 2-5)。

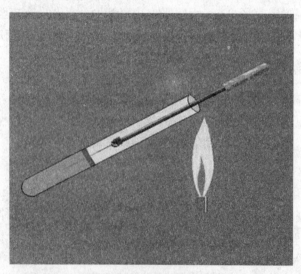

图 2-5　穿刺接种

五、液体接种法

此法多用于单糖发酵试验等,接种方法与斜面接种方法基本相同。以左手持培养基与菌种管,右手持接种环和拔持棉塞,将挑取的菌落或菌液接种于液体培养基内。

◉ **拓展知识**

接种工具和方法:在实验室或工厂实践中,用得最多的接种工具是接种环、接种针。由于接种要求或方法的不同,接种针的针尖部常做成不同的形状,有刀形、耙形等之分。有时滴管、吸管也可作为接种工具进行液体接种。在固体培养基表面要将菌液均匀涂布时,需要用到涂布棒。接种和分离工具见图 2-6。

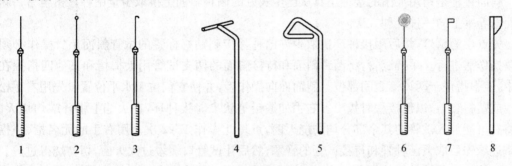

图 2-6 接种和分离工具

1.接种针 2.接种环 3.接种钩 4~5.玻璃涂棒 6.接种圈 7.接种锄 8.小解剖刀

任务六 微生物的接种技术

◉ **任务目标**

进一步熟练微生物的无菌操作技术,掌握微生物的各种接种技术。

◉ **实施条件**

(1)菌种 大肠杆菌、弗氏链霉菌,酿酒酵母、黑曲霉。

(2)培养基 牛肉膏蛋白胨培养基(斜面、液体、半固体)、高氏Ⅰ号斜面培养基、麦芽汁斜面培养基、PDA 平板培养基。

(3)仪器或其他用具 接种环、接种针、无菌吸管、酒精灯、无菌水等。

◉ **操作步骤**

(一)接种前的准备工作

1.接种室的准备

一般小规模的接种操作使用无菌接种箱或超净工作台;工作量大时使用无菌室接种;无菌要求极其严格时在无菌室内再结合使用超净工作台。

2.接种工具的准备

检查接种工具,如固体斜面培养物转接时使用接种环;穿刺接种时使用接种针;液体培养物转接时使用吸管等。

3.标记

在待接种的培养基试管或平板上贴好标签,标上接种的菌名、操作者、接种日期等。

4.环境消毒

将培养基、接种工具和其他用品等整齐摆放在实验台上,进行环境消毒。

(二)接种方法

1.斜面接种

斜面接种是指用灭菌的接种工具从已生长好的菌种斜面上挑取少量菌种移植至另一新鲜斜面培养基上的一种接种方法。

先点燃酒精灯,然后用接种环挑取少许菌种移接到贴好标签的试管斜面上。操作必须按无菌操作法进行。手持试管,将菌种斜面和待接斜面的两支试管用大拇指和其他四指握在左手中,使中指位于两试管之间部位。斜面面向操作者,并使它们位于水平位置。先用右手松动棉塞或塑料管盖,以便接种时拔出。右手如握铅笔状拿着接种环,在火焰上将环端灼烧灭菌,再将有可能伸入试管的其余部分均灼烧灭菌,重复此操作1~2次。用右手的无名指、小指和手掌边缘先后取下菌种管和待接试管的管塞,然后让试管口缓缓过火灭菌,切勿烧得过烫。接种环将灼烧过的接种环伸入菌种管,先使环接触试管内壁或没有长菌的培养基,使其冷却。接种待接种环冷却后,轻轻挑取少量菌体或孢子,然后将接种环小心地移出菌种管并迅速伸入待接斜面试管中。从斜面培养基的底部向上端轻轻划一波浪形曲线或直线,切勿划破培养基。注意:取菌时接种环部分勿碰触管壁或接触火焰。取出接种环,灼烧试管口,并在火焰旁将管塞旋上。塞棉塞时,不要用试管去迎棉塞,以免试管在移动时纳入不洁空气。接种完毕后,将接种环灼烧灭菌后才可放下。将已接种的试管棉塞旋紧,捆扎后放在适当温度下培养(图2-7)。

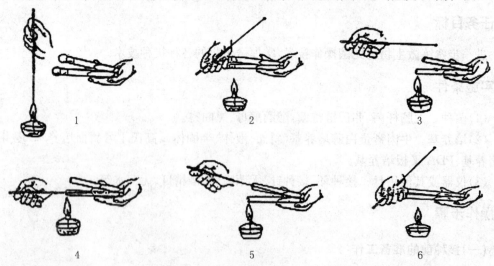

图 2-7 斜面接种时的无菌操作
1.接种灭菌 2.开启棉塞 3.管口灭菌 4.挑起菌苔 5.接种 6.塞好棉塞

2. 液体接种

液体接种技术是一种用接种环或无菌吸管等接种工具,将菌液移接到液体培养基中的一种接种方法。此法用于观察细菌、酵母菌的生长特性、生化反应特性及发酵生产中菌种的扩大培养等。

(1)斜面菌种接种液体培养基　有下面两种情况:一是接种量小时,可用接种环取少量菌体移入培养基容器(试管或三角瓶等)中,将接种环在液体表面振荡或在器壁上轻轻摩擦把菌苔散开,抽出接种环,塞好棉塞,再将液体摇动,菌体即均匀分散在液体中;二是接种量大时,可先在斜面菌种管中注入定量无菌水,再用接种环把菌苔刮下研开,再把菌悬液倒入液体培养基中,倒前需将试管口在火焰上灭菌。

(2)液体培养物接种液体培养基　用液体培养物接种液体培养基时,可根据具体情况采用不同的方法。如用无菌的吸管吸取菌液接种;直接把液体培养物无菌操作倒入液体培养基中接种;利用高压无菌空气通过特制的移液装置把液体培养物注入液体培养基中接种;利用压力差将液体培养物接入液体培养基中接种(如种子菌液接入发酵罐)。

3. 穿刺接种

穿刺接种技术是一种用接种针从菌种斜面上挑取少量菌体并把它垂直插入到固体或半固体的深层培养基中的接种方法。经穿刺接种后的菌种常作为保藏菌种的一种形式,同时也是检查细菌运动能力的一种方法。它只适宜于细菌和酵母的接种培养。

其操作步骤基本与斜面接种法相同。不同之处在于:①接种工具采用接种针。②接种时有2种手持操作法,一种是水平法,它类似于斜面接种法;另一种是垂直法。尽管穿刺时手持方法不同,但穿刺时接种针都必须挺直,将接种针自培养基中心垂直地刺入培养基中。穿刺时要做到手稳、动作轻巧快速,并且要将接种针穿刺到接近试管的底部。然后,沿着接种线将针拔出,将接种过的试管直立于试管架上,置于恒温箱中培养。

4. 平板接种

平板接种技术是一种在平板培养基上点接、划线或涂布接种的方法。接种前,需要先将已灭菌的琼脂培养基制成平板。

(1)点接　对于细菌和酵母菌,常用接种针从菌种斜面上挑取少量菌体,点接到平板的不同位置上,适温培养后观察。对于霉菌,通常先在其斜面内倒入少量无菌水,用接种环将孢子挑起,制成菌悬液,再用接种环点接到平板培养基上,适温培养后观察。

(2)划线接种　方法同"平板划线分离法"(见单元四　微生物的分离与纯化)。

(3)涂布接种　方法同"涂布法"(见单元四　微生物的分离与纯化)。不同微生物的接种方法见表2-12。

表 2-12　微生物的接种方法

菌种	培养基	接种工具	接种方法
细菌	固体斜面培养基	接种环	自试管底部向上端轻轻划一波浪形曲线或直线
	半固体培养基	接种针	穿刺接种、中心垂直插入,再退回
	液体培养基	接种环	伸入液面以下,接触管壁轻轻摩擦
放线菌	斜面培养基	接种环	自试管底部向上端轻轻划一波浪形曲线或直线
酵母菌	斜面培养基	接种环	自试管底部向上端轻轻划一波浪形曲线或直线
霉菌	斜面、平板培养基	接种钩	点接

(三)培养及观察

将接种好的斜面、液体、半固体牛肉膏蛋白胨培养基置于 37℃恒温箱中,培养 24 h 后观察结果。将接种好的高氏Ⅰ号斜面培养基置于 28℃恒温箱中,培养 5~7 d 后观察结果。将接种好的麦芽汁斜面培养基置于 25~28℃恒温箱中,培养 2~3 d 后观察结果。将接种好的 PDA 平板培养基置于 25~28℃恒温箱中,培养 3~4 d 后观察结果。

◉ **结果分析**

(1)斜面接种　检查斜面接种情况、绘制斜面生长草图;分析斜面接种好坏的原因;保留斜面、以便观察形态时使用。

(2)液体接种　观察记录细菌、酵母的液体培养特征,保留酵母液体培养液备用。

(3)穿刺接种　检查穿刺接种效果,绘制草图;叙述不同微生物穿刺培养后的现象及原因;分析穿刺接种好坏的原因。

(4)平板接种　检查平板接种的生长状况,有无污染(凡没接种地方长出菌落均为染菌);描述各个菌落的特征。

◉ **问题与思考**

(1)何谓无菌操作? 无菌操作的目的是什么? 接种前应做哪些准备工作?

(2)总结几种接种方法的要点及应注意的事项。

(3)进入无菌室前要做好哪些准备工作?

(4)接种时,为何要尽量使试管平放?

项目四　微生物的培养

> 知识目标　掌握微生物的基本培养方法;了解影响微生物生长的因素。
> 技能目标　掌握微生物的培养技术。

◉ **必备知识**

一个良好的微生物培养装置的基本条件是:按微生物的生长规律进行科学的设计,能在提供丰富而均匀营养物质的基础上,保证微生物获得适宜的温度和良好的通气条件(厌氧菌除外),此外,还要为微生物提供一个适宜的物理化学条件,并严防杂菌污染等。

从历史发展的角度来看,微生物培养技术发展有以下特点:①从少量培养到大规模培养;②从浅层培养发展到厚层(固体制曲)或深层(液体搅拌)培养;③从以固体培养技术为主到以液体培养技术为主;④从静止式液体培养发展到通气搅拌式的液体培养;⑤从分批培养发展到连续培养以至多级连续培养;⑥从利用分散的微生物细胞发展到利用固定化细胞;⑦从单纯利用微生物细胞到利用动物、植物细胞进行大规模培养;⑧从利用野生型菌株发展到利用变异株直至遗传工程菌株;⑨从单菌发酵发展到混菌发酵,从低密度培养发展到高密度培养;⑩从人工控制的发酵罐到多传感器、计算机在线控制的自动化发酵罐;等等。

以下就实验室和生产实践中一些较为有代表性的微生物培养法作一简要介绍。

一、实验室的微生物培养法

(一)好氧培养法

1.固体培养法

实验室中将微生物菌种接种在固体培养基的表面,使之获得充足的氧气生长。因所用器皿不同而分为试管斜面、培养皿琼脂平板、较大型的克氏扁瓶及茄子瓶斜面等平板培养方法。

2.液体培养法

液体培养就是将微生物菌种接种到液体培养基中进行培养。实验室进行好氧菌培养的方法主要有 4 种:试管液体培养、浅层液体培养、摇瓶培养和台式发酵罐培养。

(1)试管液体培养　装液量可多可少。此法的通气效果一般较差,仅适合培养兼性厌氧菌。常用于微生物的各种生理生化试验等。

(2)浅层液体培养　在三角瓶中装入浅层培养液,其通气量与装液量、棉塞通气程度密切相关。此法一般仅适用于兼性厌氧菌的培养。

(3)摇瓶培养　将装有少量液体培养基的三角瓶(摇瓶),用 8~12 层纱布或疏松的棉塞封口以利于通气并阻止空气中杂菌或杂质进入,将摇瓶放置在旋转式或往复式摇床上进行振荡培养。为使菌体获得充足的氧,一般装液量为三角瓶溶剂的 10% 左右,如 250 mL 三角瓶装10~20 mL 培养液。摇瓶培养在实验室里被广泛用于微生物的生理生化试验、发酵和菌种筛选等,也常在发酵工业中用于种子培养。

(4)台式发酵罐培养　实验室用的发酵罐体积一般为几升到几十升。商品发酵罐的种类很多,一般都有多种自动控制和记录装置。如配置有 pH、溶解氧、温度和泡沫检测电极,有加热或冷却装置,有补料、消泡和 pH 调节用的酸或碱贮罐及其自动记录装置,大多由计算机控制。因为它的结构与生产用的大型发酵罐接近,所以,它是实验室模拟生产实践的重要试验工具。

(二)厌氧培养法

1.固体培养法

实验室中培养厌氧菌除了需要特殊的培养装置或器皿外,首先应配制特殊的培养基。此类培养基中,除保证提供 6 种营养要素外,还须加入适当的还原剂,必要时,还要加入刃天青等氧化还原势指示剂。早期主要采用高层琼脂柱法、厌氧培养皿法,现在主要采用厌氧罐技术、厌氧手套箱技术和亨盖特(Hungate)厌氧试管技术。

2.液体培养法

实验室中厌氧菌的液体培养同固体培养一样,都需要特殊的培养装置以及加有还原剂和氧化还原指示剂的培养基。

若在厌氧罐或厌氧手套箱中对厌氧菌进行液体培养,通常不再提供额外的培养措施;若单独放在有氧环境下培养,则在培养基中必须加入巯基乙酸、半胱氨酸、维生素 C 或疱肉

（牛肉小颗粒）等有机还原剂，或加入铁丝等能显著降低氧化还原电势的无机还原剂，在此基础上，再用深层培养或同时在液面上封一层液状石蜡或凡士林-液状石蜡，则可保证专性厌氧菌的生长。

二、生产实践中的微生物培养法

（一）好氧培养法

1. 固体培养法

工业生产中利用麸皮或米糠等为主要原料，加水搅拌成含水量适度的半固体物料作为培养基，接种微生物进行培养，在豆酱、醋、酱油等酿造食品工业中广泛应用。根据所用设备和通气方法的不同可分为浅盘法、转桶法和厚层通风法。食用菌生产中通常将棉籽壳等培养料装入塑料袋中或平铺在床架上，接种培养。

2. 液体培养法

早期的青霉素和柠檬酸等的发酵工业中，均使用过浅盘培养法，但因其劳动强度大、生产效率低以及易污染杂菌等缺点，未能广泛使用。现代发酵工业中主要采用深层液体通风培养法，向培养液中强制通风，并设法将气泡微小化，使它尽可能滞留于培养液中以促进氧的溶解。最常用的是机械搅拌通风发酵罐。

（二）厌氧培养法

1. 固体培养法

生产实践中对厌氧菌进行大规模固态培养的例子还不多见，在我国的传统白酒生产中，一向采用大型深层地窖对固态发酵料进行堆积式固态发酵，这对酵母菌的酒精发酵等都十分有利，因此可生产名优大曲酒（蒸馏白酒）。

2. 液体培养法

工业上主要采用液体静置培养法，接种后不通空气静置保温培养，常用于酒精、啤酒、丙酮、丁醇及乳酸等发酵过程。该法发酵速度快，周期短，发酵完全，原料利用率高，适合大规模机械化、连续化、自动化生产。

三、影响微生物生长的主要因素

影响微生物生长的外界因素很多，除之前已经介绍的营养条件外，还有许多物理因素和化学因素。限于篇幅，以下仅阐述其中最主要的温度、pH 和氧气 3 项。

（一）温度

由于微生物的生命活动都是由一系列生物化学反应组成的，而这些反应受温度影响又极为明显，故温度是影响微生物生长繁殖的最主要因素之一。

与其他生物一样，任何微生物的生长温度范围尽管有宽有窄，但总有最低生长温度、最适生长温度和最高生长温度这 3 个重要指标，这就是生长温度的三基点。如果把微生物作为一个整体来看，其生长温度范围很广，可在 $-10 \sim 95\,℃$ 范围内生长。

根据最适生长温度的不同可将微生物分为 3 类：嗜冷菌、嗜温菌和嗜热菌（表 2-13）。

表 2-13 微生物的生长温度类型

微生物类型		生长温度范围/℃			分布区域
		最低	最适	最高	
嗜冷菌	专性嗜冷菌	−10	5~15	15~20	海洋深处、南极、北极、冰窖
	兼性嗜冷菌	−5~0	10~20	25~30	海洋、冷泉、冷藏食品
嗜温菌	室温型	10~20	20~35	40~45	腐生环境
	体温型	10~20	35~40	40~45	寄生环境
嗜热菌		25~45	50~60	70~95	温泉、堆肥、土壤

对某一具体微生物而言,其生长温度范围的宽窄与它们长期进化过程中所处的生存环境温度有关。例如,一些生活在土壤中的芽孢杆菌,它们属宽温微生物(15~65℃);大肠杆菌既可在人或动物体的肠道中生活,也可在体外环境中生活,故也是宽温微生物(10~47.5℃);而专性寄生在人体泌尿生殖道中的淋病奈瑟氏球菌则是窄温微生物(36~40℃)。

最适生长温度经常简称为"最适温度",其含义为某种微生物分裂代时最短或生长速率最高时的培养温度。必须强调指出,对同一种微生物来说,最适生长温度并非一切生理过程的最适温度,也就是说,最适温度并不等于生长得率最高时的培养温度,也不等于发酵速率或累积代谢产物最高时的培养温度,更不等于累积某一代谢产物最高时的培养温度。例如,黏质赛氏杆菌生长的最适温度为37℃,而其合成灵杆菌素的最适温度为20~35℃;黑曲霉生长的最适温度为37℃,而产糖化酶的最适温度则为32~34℃。这一规律对指导发酵生产有着重要的意义。例如,国外曾报道在产黄青霉总共165 h的青霉素发酵过程中,运用了上述规律,即根据其不同生理代谢过程有不同最适温度的特点,分成4段进行不同温度培养。具体做法是:接种后在30℃下培养5 h,将温度降至25℃培养35 h,再下降至20℃培养85 h,最后又升温至25℃培养40 h后放罐。结果,其青霉素产量比常规的自始至终进行30℃恒温培养的对照组竟提高了14.7%。

(二)pH

微生物作为一个整体来说,其生长的 pH 范围极为广泛。但绝大多数微生物的生长 pH 都在5~9。与温度的三基点相似,不同微生物的生长 pH 也存在最低、最适与最高3个数值。

除不同种类微生物有其最适生长 pH 外,即使同一种微生物在其不同的生长阶段和不同的生理、生化过程,也有不同的最适 pH 要求。研究其中的规律,对发酵生产中 pH 的控制尤为重要。例如,黑曲霉在2.0~2.5时,有利于合成柠檬酸,pH 在2.5~6.5范围内时,就以菌体生长为主,而 pH 在7左右时,则大量合成草酸。又如,丙酮丁酸梭菌 pH 在5.5~7.0时,以菌体的生长繁殖为主,而 pH 在4.3~5.3范围内才进行丙酮、丁醇发酵。此外,许多抗生素的生产菌都有同样的情况。利用上述规律对提高发酵生产效率十分重要。

虽然微生物外环境的 pH 变化很大,但细菌内环境中的 pH 却相当稳定,一般都接近中性。这就免除了 DNA、ATP、菌绿素和叶绿素等重要成分被酸破坏,或 RNA、磷脂类等被碱破坏的可能性。与细胞内环境的中性 pH 相适应的是,胞内酶的最适 pH 一般都接近中性,而位于周质空间的酶和分泌到细胞外的胞外酶的最适 pH 则接近环境的 pH。pH 除了对细胞发生直接影响之外,还对细胞产生种种间接的影响。例如,可影响培养基中营养物质的离子化程度,从而影响微生物对营养物质的吸收,影响环境中有害物质对微生物的毒性,以及影响代谢反应中各种酶的活性等。

微生物在其生命活动过程中也会能动地改变外界环境的 pH,这就是通常遇到的培养基的原始 pH 会在培养微生物的过程中时时发生改变的原因。

在一般微生物的培养中变酸往往占优势,因此,随着培养时间的延长,培养基的 pH 会逐渐下降。当然,pH 的变化还与培养基的组分尤其是碳氮比有很大的关系,碳氮比高的培养基,例如培养各种真菌的培养基,经培养后其 pH 常会显著下降;相反,碳氮比低的培养基,例如培养一般细菌的培养基,经培养后其 pH 常会显著上升。

在微生物培养过程中 pH 的变化往往对该微生物本身即发酵生产均有不利的影响,因此,如何及时调整 pH 就成了微生物培养和发酵生产中的一项重要措施。通过总结实践中的经验,一般把调节 pH 的措施分成"治标"和"治本"两大类,前者是根据表面现象而进行的直接、及时、快速但不持久的表面化调节,后者则是根据内在机制而采用的间接、缓效但可发挥持久作用的调节。

(三)氧气

微生物对氧的需要和耐受能力在不同的类群中差别很大,根据它们和氧的关系,可粗分成好氧微生物和厌氧微生物两大类,并可进一步细分为 5 类。

1.好氧菌

好氧菌又可分为专性好氧菌、兼性好氧菌和微好氧菌 3 类。

(1)专性好氧菌　必须在较高浓度分子氧的条件下才能生长,它们有完整的呼吸链,以分子氧作为最终氢受体,具有超氧化物歧化酶(SOD)和过氧化氢酶。绝大多数真菌和多数细菌、放线菌都是专性好氧菌,例如醋杆菌属、固氮菌属、铜绿假单胞菌和白喉棒杆菌等。振荡、通气、搅拌都是实验室和工业生产中常用的供氧方法。

(2)兼性好氧菌　以在有氧条件下的生长条件为主也可兼在厌氧条件下生长的微生物,有时也称"兼性厌氧菌"。它们在有氧时靠呼吸产能;细胞含 SOD 和过氧化氢酶。它们在有氧条件下比在无氧条件下生长得更好。许多酵母菌和不少细菌都是兼性好氧菌,例如酿酒酵母、地衣芽孢杆菌以及肠杆菌科的各种常见细菌,包括大肠杆菌、产气肠杆菌和普通变形杆菌等。

(3)微好氧菌　只能在较低的氧分压下才能正常生长的微生物。也是通过呼吸链并以氧为最终氢受体而产能。霍乱弧菌、氢单胞菌属、发酵单胞菌属和弯曲菌属等都属于这类微生物。

2.厌氧菌

厌氧菌又分为耐氧菌和(专性)厌氧菌。

(1)耐氧菌　即耐氧性耐氧菌的简称,是一类可在分子氧存在下进行发酵性厌氧生活的厌氧菌。它们的生长不需要任何氧,但分子氧对它们也无害。它们不具有呼吸链,仅依靠专性发酵和底物水平磷酸化而获得能量。耐氧的机制是细胞内存在 SOD 和过氧化物酶(但缺乏过氧化氢酶)。通常的乳酸菌多为耐氧菌,如乳酸乳杆菌、肠膜明串珠菌、乳链球菌和粪肠球菌等;非乳酸菌类耐氧菌有雷氏丁酸杆菌等。

(2)(专性)厌氧菌　厌氧菌有一般厌氧菌与严格厌氧菌(专性厌氧菌)之分。该类微生物的特点是:①分子氧对它们有毒,即使短期接触也会抑制生长甚至致死;②在空气或含10%CO_2的空气中,它们在固体或半固体培养基表面不能生长,只有在其深层无氧处或在低氧化还原势的环境下才能生长;③生命活动所需能量是通过发酵、无氧呼吸、循环光合磷酸化或甲烷发酵等提供;④细胞内缺乏SOD和细胞色素氧化酶,大多数还缺乏过氧化物酶。常见的厌氧菌有梭菌属、拟杆菌属、梭杆菌属、双歧杆菌属以及各种光合细菌和产甲烷菌等。其中产甲烷菌属于古生菌类,它们都属于极端厌氧菌。

◉ 拓展知识

目前工业规模的发酵罐容积已达到几十立方米或几百立方米。如按10%左右的种子量计算,就要投入几立方米或几十立方米的种子。要从保藏在试管中的微生物菌种逐级扩大为生产用种子是一个由实验室制备到车间生产的过程。其生产方法与条件随不同的生产品种和菌种种类而异,如细菌、酵母菌、放线菌或霉菌生长的快慢,产孢子能力的大小及对营养、温度、需氧等条件的要求均有所不同。因此,种子扩大培养应根据菌种的生理特性,选择合适的培养条件来获得代谢旺盛、数量足够的种子。这种种子接入发酵罐后,将使发酵生产周期缩短,设备利用率提高。种子液质量的优劣对发酵生产起着关键性的作用。

种子扩大培养:是指将保存在沙土管、冷冻干燥管中处于休眠状态的生产菌种接入试管斜面活化后,在经过扁瓶或摇瓶及种子罐逐级放大培养而获得一定数量和质量的纯种的过程。这些纯种培养物称为种子。

发酵工业生产过程中的种子的必须满足以下条件:①菌种细胞的生长活力强,移种至发酵罐后能迅速生长,迟缓期短;②生理形状稳定;③菌体总量及浓度能满足大容量发酵罐的要求;④无杂菌污染;⑤保持稳定的生产能力。

在发酵生产过程中,种子制备的过程大致可分为2个阶段:①实验室种子制备阶段;②生产车间种子制备阶段。

一、实验室种子制备阶段

实验室种子的制备一般采用2种方式:对于产孢子能力强的及孢子发芽、生长繁殖快的菌种可以采用固体培养基培养孢子,孢子可直接作为种子罐的种子,这样操作简便,不易污染杂菌。对于产孢子能力不强或孢子发芽慢的菌种,可以用液体培养法。

(一)孢子的制备

1. 细菌孢子的制备

细菌的斜面培养基多采用碳源限量而氮源丰富的配方。培养温度一般为37℃。细菌菌体培养时间一般为1~2 d,产芽孢的细菌培养则需要5~10 d。

2. 霉菌孢子的制备

霉菌孢子的培养一般以大米、小米、玉米、麸皮、麦粒等天然农产品为培养基。培养的温度一般为25~28℃。培养时间一般为4~14 d。

3. 放线菌孢子的制备

放线菌的孢子培养一般采用琼脂斜面培养基,培养基中含有一些适合产孢子的营养成分,如麸皮、豌豆浸汁、蛋白胨和一些无机盐等。培养温度一般为28℃。培养时间为5~14 d。

(二)液体种子制备

1. 好氧培养

对于产孢子能力不强或孢子发芽慢的菌种,如产链霉素的灰色链霉菌、产卡那霉素的卡那链霉菌,可以用摇瓶液体培养法。将孢子接入含液体培养基的摇瓶中,于摇瓶机上恒温振荡培养,获得菌丝体,作为种子。其过程如下:

试管→三角瓶→摇床→种子罐

2. 厌氧培养

对于酵母菌(啤酒、葡萄酒、清酒等),其种子的制备过程如下:

试管→三角瓶→卡式罐→种子罐

二、生产车间种子制备阶段

实验室制备的孢子或液体种子移种至种子罐扩大培养,种子罐的培养基虽因不同菌种而异,但其原则为采用易被菌利用的成分如葡萄糖、玉米浆、磷酸盐等,如果是需氧菌,同时还需供给足够的无菌空气,并不断搅拌,使菌(丝)体在培养液中均匀分布,获得相同的培养条件。

1. 种子罐的作用

其作用主要是使孢子发芽,生长繁殖成菌(丝)体,接入发酵罐能迅速生长,达到一定的菌体量,以利于产物的合成。

2. 种子罐级数的确定

种子罐级数是指制备种子需逐级扩大培养的次数,其主要取决于:①菌种生长特性、孢子发芽及菌体繁殖速度;②所采用发酵罐的容积。

细菌:生长快,种子用量比例少,级数也较少,采用二级发酵,其过程为

茄子瓶→种子罐→发酵罐

霉菌:生长较慢,如青霉菌,采用三级发酵,其过程为

孢子悬浮液→一级种子罐($27℃$,40 h 孢子发芽,产生菌丝)→二级种子罐($27℃$,10~24 h,菌体迅速繁殖,粗壮菌丝体)→发酵罐

放线菌:生长更慢,采用四级发酵。

酵母菌:比细菌慢,比霉菌、放线菌快,通常采用一级种子。

3. 确定种子罐级数需注意的问题

种子级数越少越好,可简化工艺和控制,减少染菌机会。种子级数太少,接种量小,发酵时间延长,降低发酵罐的生产率,增加染菌机会。虽然种子罐级数随产物的品种及生产规模而定,但也与所选用工艺条件有关。如改变种子罐的培养条件,加速了孢子发芽及菌体的繁殖,也可相应地减少种子罐的级数。

任务七　厌氧微生物的培养

◉ 任务目标

掌握微生物的厌氧培养方法。

◉ 实施条件

(1)菌种 丙酮丁醇梭菌、产气荚膜梭菌。

(2)培养基 RCM 培养基(即强化梭菌培养基)、TYA 培养基、玉米醪培养基、中性红培养基、明胶麦芽汁培养基、$CaCO_3$、焦性没食子酸(即邻苯三酚)、Na_2CO_3、10% NaOH 溶液、0.5%美蓝水溶液、6%葡萄糖水溶液、钯粒(A 型)、$NaBH_4$、KBH_4、$NaHCO_3$、柠檬酸。

(3)器材 带塞或塑料帽玻璃管(直径 18～20 mm,长 180～200 mm)、1 mL 血浆瓶、250 mL血浆瓶、20 和 50 mL 针筒、250 mL 三角瓶、试管、厌氧罐、厌氧袋(不透气的无毒复合透明薄膜塑料袋,14 cmm×32 cmm)、培养皿、真空泵、带活塞干燥器、氮气钢瓶。

◉ 操作步骤

(一)真空干燥器厌氧培养法

此法不适用于培养需要 CO_2 的微生物。该法是在干燥器内使焦性没食子酸与 NaOH 溶液发生反应而吸氧,形成无氧的小环境而使厌氧菌生长。

1. 培养基准备与接种

将 3 支装有玉米醪培养基或 RCM 培养基的大试管放在水浴中煮沸 10 min,以赶出其中溶解的氧气,迅速冷却后(切勿摇动)将其中 2 支试管分别接种丙酮丁醇梭菌和产气荚膜梭菌。

2. 干燥器准备与抽气

在带活塞的干燥器内底部预先放入焦性没食子酸粉末 20 g 和斜放盛有 200 mL 10% NaOH 溶液的烧杯。将接种有厌氧菌的培养管放入干燥器内。在干燥器口上涂抹凡士林,密封后接通真空泵,抽气 3～5 min,关闭活塞。轻轻摇动干燥器,促使烧杯中的 NaOH 溶液倒入焦性没食子酸中,2 种物质混合发生吸氧反应,使干燥器中形成无氧小环境。

3. 观察结果

将干燥器置于 37℃恒温箱中培养约 7 d,取出培养管,分别制片观察菌体特征。

(二)深层穿刺厌氧培养法

此法操作简单,适用于一般厌氧微生物的活化和分离培养,但不能用于扩大培养。

1. 接种培养

将玻璃管一头塞上橡胶塞,装入培养基(RCM 或 TYA 培养基)的高度为管长的 2/3,套上塑料帽或橡皮塞,灭菌并凝固后,将丙酮丁醇梭菌用接种针穿刺接种,置 37℃恒温箱中培养6～7 d。

2. 观察结果

观察菌落形态特征并制片于显微镜下观察菌体的细胞形态,并记录结果。

温馨提示:

①培养需要 CO_2 的厌氧菌时,须在厌氧小环境中供应 CO_2。

②氢气是危险易爆气体,使用氢气钢瓶充氢时,应严格按操作规程进行,切勿大意,严防事故。

③选用干燥器、针筒、厌氧罐或厌氧袋时,应事先仔细检查其密封性能,以防漏气。

④已制备灭菌的培养基在接种前应在沸水浴中煮沸 10 min,以消除溶解在培养基中的

氧气。

　　⑤针筒培养液刃天青指示剂出现红色,表明有残留氧气。厌氧袋和厌氧罐中美蓝厌气度指示剂变成蓝色,表明除氧不够。

　　⑥产气荚膜梭菌为条件致病菌,防止进入口中和沾到伤口上。

◎ 结果分析

　　(1)实验中选用厌氧培养法的培养结果记录于下表中。

培养方法	菌种名称	菌落形态特征 (菌落大小、形状、颜色、光滑度、透明度、气味)	菌体形态特征 (菌体形态有无芽孢、芽孢形状、碘液染色)	液体培养特征	备注

　　(2)试比较以上厌氧培养方法的优缺点,并分析其成功的关键。

◎ 问题与思考

　　(1)请设计一个试验方案,如何从土壤中分离、纯化和培养出厌氧菌。

　　(2)在进行厌氧菌培养时,为什么每次都应该同时接种一种严格好氧菌作为对照?

单元三　微生物的生长测定

项目一　微生物细胞大小的测定

知识目标　学习测微尺的使用和计算方法。

能力目标　学会目镜测微尺和镜台测微尺的使用方法,用测微尺测量球菌和杆菌大小的方法。

◉ 必备知识

微生物的大小的描述是个体特征的重要依据。微生物个体微小,其大小的测定要在显微镜下借助测微尺来进行。测微尺由镜台测微尺和目镜测微尺 2 种。镜台测微尺是一个在其中央刻有精确等分线的载玻片。一般将 1 mm 的直线等分成 100 小格,每格长 0.01 mm,即 10 μm。目镜测微尺是一块圆形玻璃片,其中有精确的等分刻度,在 5 mm 刻尺上分 50 份。测量前先用镜台测微尺每格所代表的长度,然后用目镜测微尺直接测量微生物细胞的大小。

任务一　细菌大小的测定

◉ 任务目标

能用测微尺测定细菌的大小,并能准确的计算出细菌的大小。

◉ 实施条件

(1)菌种　金黄色葡萄球菌、大肠杆菌的玻片标本。

(2)仪器及用具　目镜测微尺、镜台测微尺、载玻片、盖玻片、显微镜、镜头纸、二甲苯、香柏油、双层瓶等。

◉ 操作步骤

1. 放置目镜测微尺

取出目镜,旋开接目透镜,将目镜测微尺放在目镜的镜筒内的隔板上(有刻度一面向下),然后旋上接目透镜,将目镜放回显微镜镜筒。

2. 目镜测微尺的标定

将镜台测微尺放置于载物台上,有刻度面向上。先用低倍镜观察,调节焦距,看清镜台测微尺的刻度。转动目镜,使目镜测微尺的刻度与镜台测微尺的刻度平行,并使两尺最左边的一条线重合,向右寻找另外一条两尺刻度重合的刻度线。然后分别数出两重合线之间镜台测微尺和目镜测微尺的格数(图 3-1)。同样的方法,转换为高倍镜和油镜,可以分别测出高倍镜下和油镜下两重合线间目镜测微尺与镜台测微尺所占的格数。

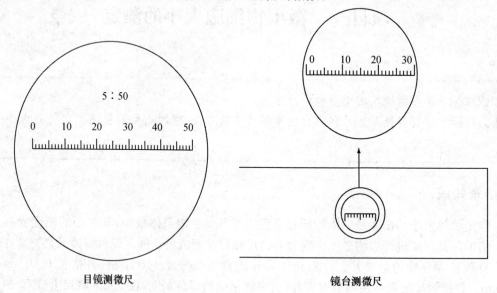

目镜测微尺　　　　　　　　镜台测微尺

图 3-1　目镜测微尺与镜台测微尺

温馨提示:镜台测微尺的玻片很薄,在标定油镜时,要格外注意,以免压碎镜台测微尺或损坏镜头。标定目镜测微尺时要注意准确对正目镜测微尺与镜台测微尺的重合线。

3. 计算方法

目镜测微尺每格长度(μm)=(两条重合线间镜台测微尺的格数×10)/两条重合线间目镜测微尺的格数

例如,目镜测微尺 20 个小格等于镜台测微尺 3 个小格,已知镜台测微尺每格为 10 μm,则 3 小格的长度为 3×10=30(μm),那么相应的在目镜测微尺上每小格长度为 3×10÷20=1.5(μm)。用以上计算方法分别计算低倍镜、高倍镜及油镜下目镜测微尺每格所代表的实际长度。

4. 菌体大小的测定

将目镜测微尺取下,分别换上大肠杆菌及金黄色葡萄球菌玻片标本,先在低倍镜和高倍镜下找到目的物,然后在油镜下用目镜测微尺每格所代表的实际长度计算出菌体的长和宽。将结果详细记录于"菌体大小测定结果"表格中。

例如,目镜测微尺在这台显微镜下,每格相当于 1.5 μm,测量的结果,若菌体的平均长度相当于目镜测微尺的 2 格,则菌体长应为 $2 \times 1.5\ \mu m = 3.0\ \mu m$。

◉ 结果分析

(1)目镜测微尺标定结果,填于下面空白处。

低倍镜下 ____ 倍目镜测微尺每格长度是____ μm。

高倍镜下____倍目镜测微尺每格长度是____ μm。

油镜下 ____ 倍目镜测微尺每格长度是 ____ μm。

(2)菌体大小测定结果,填于下表中。

菌号	大肠杆菌测定结果				金黄色葡萄球菌直径测定结果	
	目镜测微尺格数		实际长度/μm		目镜测微尺格数	实际长度/μm
	宽	长	宽	长		
1						
2						
3						
4						
5						
6						
7						
8						
9						
10						
均值						

(3)试与已知的大肠杆菌和金黄色葡萄球菌的大小作比较看是否一致? 如果不一致,分析其原因。

在进行菌体大小测定时,同种微生物菌体的不同的细胞其大小存在一定的差异,故测量某种微生物菌体的大小需要测定多个细菌后取平均值。另外,同一种微生物细胞在生长的不同时期,其大小也存在差异。微生物细胞经过干燥、固定、染色后,其形态大小会比生活状态的细胞体积小,故其测量值要比实际值小一些。

◉ 问题与思考

(1)为什么要更换不同放大倍数的目镜和物镜时必须用镜台测微尺对目镜测微尺进行标定?

(2)若目镜不变,目镜测微尺也不变,只改变物镜,那么目镜测微尺每格所测量的镜台上的菌体细胞长度(或宽度)是否相同? 为什么?

(3)当测定了一定数量的菌体细胞大小后,你从这些数据中会发现什么样的规律? 如何根据上述数据计算出细胞的大小?

◆◆◆ 项目二　微生物细胞数量的测定 ◆◆◆

知识目标　学习微生物细胞数目测定中常用的方法和原理。
能力目标　掌握微生物细胞数目测定中常用的测定方法,能测定几种单细胞微生物的数量。

◉ 必备知识

一、微生物生长繁殖的概念

生长:生物个体物质有规律地、不可逆地增加,导致个体体积扩大的生物学过程。

繁殖:生物个体生长到一定阶段,通过特定方式产生新的生命个体,即引起生命个体数量增加的生物学过程。

生长是一个逐步发生的量变过程,繁殖是一个产生新的生命个体的质变过程。在高等生物里这 2 个过程可以明显分开,但在低等特别是在单细胞的生物里,由于细胞小,这 2 个过程是紧密联系又很难划分的过程。

一个微生物细胞在合适的外界条件下,吸收营养物质,进行代谢。如果同化作用的速度超过了异化作用,则表现出个体的生长,原生质的总量(重量、体积、大小)就不断增加;如果各细胞组分是按恰当的比例增长时,则达到一定程度后就会发生繁殖,引起个体数目的增加。这时,原有的个体已经发展成一个群体,随着群体内各个个体的进一步生长,就引起了这一群体的生长,这可从其重量、体积、密度或浓度作为指标来衡量。所以:

个体生长→个体繁殖→群体生长

群体生长＝个体生长＋个体繁殖

微生物生长:在一定时间和条件下细胞数量的增加(微生物群体生长),在微生物学中提到的"生长",一般均指群体生长,这一点与研究大生物时有所不同。

微生物生长:单位时间里微生物数量或生物量的变化。

二、测定生长繁殖的方法

1. 计繁殖数

计繁殖数只适宜于测定处于单细胞状态的细菌和酵母菌,而对放线菌和霉菌等丝状生长的微生物而言,只能计算其孢子数。

(1)直接法　指用计数板(例如细胞计数板)在光学显微镜下直接观察细胞并进行计数的

方法。利用细胞计数板在显微镜下直接计数,是一种常用的微生物计数方法。此法的优点是直观、快速。将经过适当稀释的菌悬液(或孢子悬液)放在细胞计数板载玻片与盖玻片之间的计数室中,在显微镜下进行计数。由于计数室的容积是一定的(0.1 mm³),所以可以根据在显微镜下观察到的微生物数目来换算成单位体积内的微生物总数目。由于此法计得的是活菌体和死菌体的总和,故又称为总菌计数法。

缺点:不能区分死菌与活菌;不适于对运动细菌的计数;需要相对高的细菌浓度;个体小的细菌在显微镜下难以观察。

①染色后活菌计数法。采用特定的染色技术进行活菌染色,然后用光学显微镜技术的方法。可分别对活菌和死菌进行计数。

例如:美蓝染色酵母菌——活细胞(无色),死细胞(蓝色)。

②比例计数。将已知颗粒浓度的样品(例如血液)与待测细胞浓度的样品混匀后在显微镜下根据二者之间的比例直接推算待测微生物细胞浓度。

③过滤计数。当样品中菌数很低时,可以将一定体积的湖水、海水或饮用水等样品通过膜过滤器。然后将滤膜干燥、染色,并经处理使膜透明,再在显微镜下计算膜上(或一定面积中)的细菌数。

④Coulter 电子计数器。菌体与液体导电性不同,一个细胞通过小孔,电阻增加,形成脉冲。

(2)间接法 是一种活菌计数法。这是一种含氧活菌在液体培养基中会使其变混或在固体培养基上(内)形成菌落的原理而设计的,最常用的是利用固体培养基上(内)形成菌落的菌落计数法。

①平板菌落计数法。平板菌落计数法是一种统计物品含活菌数的有效方法。菌落总数就是指在一定条件下(如需氧情况、营养条件、pH、培养温度和时间等)每克(每毫升)检样所生长出来的细菌菌落总数。按国家标准方法规定,即在需氧情况下,37℃培养 48 h,能在普通营养琼脂平板上生长的细菌菌落总数,所以厌氧或微需氧菌、有特殊营养要求的以及非嗜中温的细菌,由于现有条件不能满足其生理需求,故难以繁殖生长。因此,菌落总数并不表示实际中的所有细菌总数菌落总数并不能区分其中细菌的种类,所以有时被称为杂菌数、需氧菌数等。

采用培养平板计数法要求:操作熟练、准确,否则难以得到正确的结果;样品充分混匀;稀释时每支移液管及涂棒只能接触一个稀释度的菌液;同一稀释度要 3 个以上重复,取平均值;每个平板上的菌落数目合适,一个 9 cm 直径平板上一般以 50～500 个为宜,便于准确计数;统计菌落数,根据其稀释倍数和取样接种量即可换算出样品中的含菌。但是,由于待测样品往往不宜完全分散成单个细胞,所以,长成的一个单菌落也可能来自样品中的 2～3 或更多个细胞。因此,平板菌落计数的结果往往偏低。为了清楚地阐述平板菌落计数的结果,现在已倾向使用菌落形成单位(colony-forming units,CFU),而不以绝对菌落数来表示样品的活菌含量。

②最大可能数(most prohahlenumher,MPN)计数法。MPN 计数法又称液体稀释法、稀释培养法,适用于测定在一个混杂的微生物群落中虽不占优势,但却具有特殊生理功能的类群。其特点是利用待测微生物的特殊生理功能的选择性,来摆脱其他微生物类群的干扰,并通过该生理功能的表现来判断该类群微生物是否存在及其数量。本法特别适合于测定土壤微生物中的特定生理群(如氨化、硝化、纤维素分解、固氮、硫化和反硫化细菌等)的数量;适合于检测污水、牛奶及其他食品中特殊微生物类群(如大肠菌群)的数量。

其缺点是只适用于特殊生理类群的测定,结果也比较粗放,只有在因某种原因不能使用平板菌落计数时才使用。

MPN 计数法的主要操作是对未知菌样做连续的 10 倍梯度稀释。根据估计数,从最适宜的 3 个连续的 10 倍稀释液中各取 5 mL 试样,接种到 3 组共 15 支装有培养液的试管中(每管接入 1 mL)。经培养后,记录每个稀释度出现生长的试管数,然后查 MPN 表,再根据样品的稀释倍数就可计算出其中的活菌含量。

③厌氧菌的菌落计数法。一般采用亨盖特滚管培养法进行。此法设备较复杂,技术难度较高。

简便快捷的半固体深层琼脂法,可测定双歧杆菌和乳酸菌等厌氧活菌数。

2.测生长量

(1)直接法　测体积、称干重等方法。

(2)间接法

①比浊法。可用分光光度法对无色的微生物悬浮液进行测定或用带有侧臂的三角烧瓶作原位测定。图 3-2 为比浊法生长量测定原理示意图。

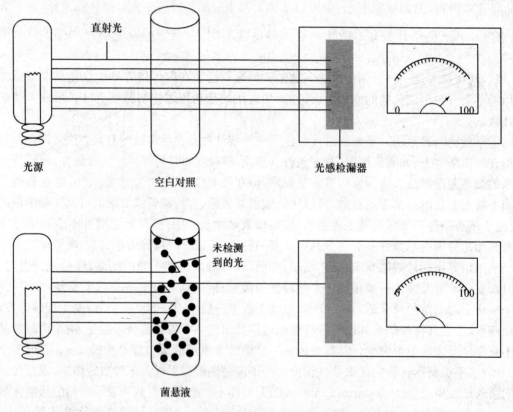

图 3-2　比浊法生长量测定原理示意图

②生理指标法。最重要的如测含氮量,一般细菌的含氮量为其干重的 12.5%,酵母菌为 7.5%,霉菌为 6.5%,含氮量乘以 6.25 即为粗蛋白质含量。另有测含碳量以及测磷、DNA、RNA、ATP、DAP(二氨基庚二酸)、几丁质或 N-乙酰胞壁酸等含量的;此外,产酸、产气、耗氧、黏度和产热等指标,有时也应用于生长量的测定。

任务二 显微镜直接计数

◎ **任务目标**

熟悉细胞计数板的构造和使用原理,能使用细胞计数板对酵母细胞进行计数操作。

◎ **实施条件**

(1)菌种 酵母菌悬液。

(2)器材 细胞计数板、显微镜、盖玻片、无菌毛细管、吸水纸等。

◎ **操作步骤**

1.计数板直接镜检

细胞计数板(图 3-3),通常是一块特制的载玻片,其上由 4 条槽构成 3 个平台。中间的平台又被一短横槽隔成两半,每一边的平台上各刻有一个方格网,每个方格网共分 9 个大方格,中间的大方格即为计数室,微生物的计数就在计数室中进行。

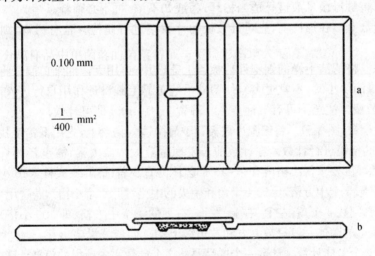

图 3-3 细胞计数板正面观与侧面观示意图

计数室的刻度一般有 2 种规格(图 3-4),一种是一个大方格分成 16 个中方格,而每个中方格又分成 25 个小方格,共 400 小格;另一种是一个大方格分成 25 个中方格,而每个中方格又分成 16 个小方格,总共也是 400 小格。所以无论是哪种规格的计数板,每一个大方格中的小方格数都是相同的。

每一个大方格边长为 1 mm,则每一大方格的面积为 1 mm²,盖上盖玻片后,载玻片与盖玻片之间的高度为 0.1 mm,所以计数室的容积为 0.1 mm³。其计算方法如下。

①16 大格×25 小格的计数板计算公式:

每毫升细胞数=(100 小格内的细胞数/100)×400×1 000×稀释倍数

②25 大格×16 小格的计数板计算公式:

每毫升细胞数＝(80 小格内的细胞数/80)×400×1 000×稀释倍数

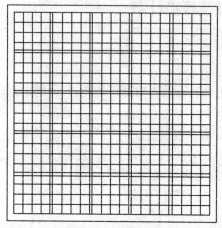
A.25大格×16小格型计数板

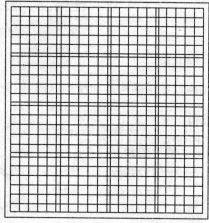
B.16大格×25小格型计数板

图 3-4　细胞计数板的方格网计数室

2.菌悬液稀释计数

(1)稀释　将酵母菌悬液进行适当稀释,菌液如不浓,可不必稀释。

(2)镜检计数室　在加样前,先对计数板的计数室进行镜检。若有污物,则需清洗后才能进行计数。

(3)加样品　将清洁干燥的细胞计数板盖上盖玻片,再用无菌的细口滴管将稀释的酵母菌液由盖玻片边缘滴 1 小滴(不宜过多),使菌液沿缝隙靠毛细渗透作用自行进入计数室,一般计数室均能充满菌液。注意不可有气泡产生。静置 5~10 min 即可计数。

(4)显微镜计数(图 3-5)　将细胞计数板置于显微镜载物台上,先用低倍镜找到计数室所在位置,然后换成高倍镜进行计数。在计数前若发现菌液太浓或太稀,需重新调节稀释度后再计数。一般样品稀释度要求每小格内有 5~10 个菌体为宜。若选用 25 大格×16 小格规格的计数板则每个计数室选 5 个中方格,可选 4 个角和中央的中格(即 80 个小格),若选用 16 大格×25 小格规格的计数板,则数 4 个角:左上、右上、左下、右下的 4 个中方格(即 100 小格)中的菌体进行计数。位于格线上的菌体一般只数上方和右边线上的。如遇酵母菌出芽,芽体大小达到母细胞的 1/2 时,即作 2 个菌体计数。计数一个样品要从 2 个计数室中计得的值来计算样品的含菌量。

(5)清洗细胞计数板　使用完毕后,将细胞计数板在水龙头上用水柱冲洗,切勿用硬物洗刷,洗完后自行晾干或用吹风机吹干。镜检,观察每小格内是否有残留菌体或其他沉淀物。若不干净,则必须重复洗涤至干净为止。

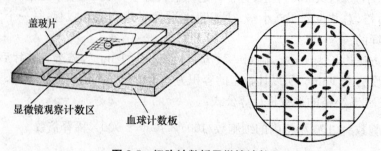
盖玻片
显微镜观察计数区
血球计数板

图 3-5　细胞计数板显微镜计数

◉ 结果分析

将结果记录于下表中(A 表示 5 个中方格中的总菌数;B 表示菌液稀释倍数)。

个/mL

计数室	各中方格中菌数					A	B	菌数	两室平均值
	1	2	3	4	5				
第 1 室									
第 2 室									

◉ 问题与思考

根据实验的体会,说明细胞计数板计数的误差主要来自哪些方面? 应如何尽量减少误差,力求准确?

任务三 平板菌落计数法

◉ 任务目标

学习平板菌落计数的原理和基本方法,熟练掌握倒平板、系列稀释操作、平板涂布技术。

◉ 实施条件

(1)菌种 大肠杆菌悬液。

(2)培养基 牛肉膏蛋白胨琼脂培养基。

(3)器材 1 mL 无菌吸管、无菌平皿、盛有 9 mL 无菌水的试管、试管架和记号笔等。

◉ 操作步骤

1. 编号

取无菌平皿 9 套,分别用记号笔标明 10^{-4}、10^{-5}、10^{-6} 各 3 套。另取 6 支盛有 9 mL 无菌水的试管,排列于试管架上,依次标明 10^{-1}、10^{-2}、10^{-3}、10^{-4}、10^{-5}、10^{-6}(图 3-6)。

2. 稀释

用 1 mL 无菌吸管精确地吸取 1 mL 大肠杆菌悬液放入 10^{-1} 的试管中,注意吸管尖端不要碰到液面。振荡 10^{-1} 试管,使菌液充分混匀。然后另取 1 支 1 mL 无菌吸管插入 10^{-1} 试管中来回吸吹悬液 3 次,目的是将菌体分散、混匀,吹吸菌液不宜太猛,吸时吸管要伸入管底,吹时要离开水面。用此吸管吸取 10^{-1} 菌液 1 mL 放入 10^{-2} 试管中,操作同上,其余依此类推(图 3-6)。

每一支吸管只能接触一个稀释度的菌悬液,否则稀释不精确,结果误差较大。

3. 取样

用 3 支 1 mL 无菌吸管分别吸取 10^{-4}、10^{-5}、10^{-6} 的稀释菌悬液各 1 mL,对号放入编好号的无菌平皿中,每个平皿放 0.2 mL。不要用 1 mL 吸管每次只靠吸管尖部吸 0.2 mL 稀释菌液放入平皿中,这样容易加大同一稀释度几个重复平板间的操作误差。

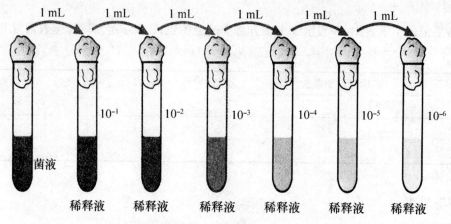

图 3-6　菌液的稀释

4. 倒平板(图 3-7)

尽快向上述盛有不同稀释度菌液的平皿中倒入熔化后冷却至 45～50℃ 的牛肉膏蛋白胨琼脂培养基约 15 mL/平皿,置水平位置迅速旋动平皿,使培养基与菌液混合均匀,而又不使培养基荡出平皿或溅到平皿盖上。

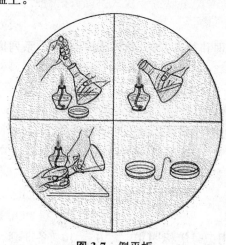

图 3-7　倒平板

由于细菌易吸附到玻璃器皿表面,所以菌液加入到培养皿后,应尽快倒入培养基并立即摇匀,否则细菌将不易分散或长成的菌落连在一起,影响计数。

待培养基凝固后,将平板倒置于 37℃ 恒温培养箱中培养。

5. 计数

培养 48 h 后,取出培养平板,算出同一稀释度 3 个平板上的菌落平均数,并按下列公式进行计算:

每毫升中菌落形成单位(CFU)＝同一稀释度 3 次重复的平均菌落数×稀释倍数×5

一般选择每个平板上长有 30～300 个菌落的稀释度计算每毫升的含菌量较为合适。同一稀释度 3 个重复的菌落数不应相差很大,否则表示试验不精确。实际工作中同一稀释度的重复数不能少于 3 个,这样便于数据统计,减少误差。由 10^{-4}、10^{-5}、10^{-6} 3 个稀释度计算出的每毫升菌液中菌落形成单位数也不应相差太大。

平板菌落计数法所选择倒平板的稀释度是很重要的。一般以 3 个连续稀释度中的第 2 个稀释度倒平板培养后所出现的平均菌落数在 50 个左右为好,否则要适当增加或减少稀释度。

平板菌落计数法的操作除上述倾注倒平板的方式以外,还可以用涂布平板的方法进行,二者操作基本相同,所不同的是后者先将牛肉膏蛋白胨琼脂培养基熔化后倒平板,待凝固后编号,并于 37℃ 左右的恒温箱中烘烤 30 min,或在超净工作台上适当吹干,然后用无菌吸管吸取稀释好的菌液对号接种于不同稀释度编号的平板上,并尽快用无菌玻璃涂布棒将菌液在平板上涂布均匀,平放于实验台上 20~30 min,使菌液渗入培养基表层内,然后倒置在 37℃ 的恒温箱中培养 24~48 h。

涂布平板用的菌悬液量一般以 0.1 mL 较为适宜,过少菌液不易涂布开,过多则在涂布完后或在培养时菌液仍会在平板表面流动,不易形成单菌落。

◉ 结果分析

将计数结果填入下表中。

个/mL

项目	10^{-4}				10^{-5}				10^{-6}			
	1	2	3	平均	1	2	3	平均	1	2	3	平均
总活菌数												

◉ 问题与思考

(1)为什么熔化后的培养基要冷却至 45℃ 左右才能倒平板?

(2)要使平板菌落计数准确,需要掌握哪几个关键点? 为什么?

(3)同一种菌液用细胞计数板和平板菌落计数法同时计数,所得结果是否一样? 为什么?

(4)试比较平板菌落计数法和显微镜下直接计数法的优缺点。

 ## 项目三　微生物生长量的测定技术

知识目标　学习微生物生长量测定中常用的方法和原理。
能力目标　掌握微生物生长量测定中常用的测定方法。

◉ 必备知识

微生物生长的测定也可以不测定细胞的数目,而代之以测定细胞的生长量以及与生长量相平行的生理指标。此类方法适用于一切微生物。

一、测体积法

测体积法是一种粗放的方法,用于初步比较。例如,把待测培养液放在带刻度离心管中做自然沉降或进行一定时间的离心,然后观察其体积。

二、重量法

重量法包括湿重法和干重法,适用于菌体浓度较高的样品,并要求除尽杂质。微生物的干重一般为其湿重的 10%～20%。

湿重法较粗放、简便,其操作是将一定量的微生物培养液通过离心或过滤将菌体分离出来,经洗涤后收集菌体,直接称重。

干重法是将离心或过滤后得到的湿菌体干燥后称重的方法。在离心法中,将待测培养液放入离心管中,用清水离心洗涤 1～5 次后,进行干燥。干燥温度可采用 105、100℃或红外线烘干,也可在较低的温度(80 或 40℃)下进行真空干燥,然后称干重。以细菌为例,一个细胞重 $10^{-13}～10^{-12}$ g,在过滤法中,丝状真菌可用滤纸过滤,而细菌则可用醋酸纤维膜等滤膜进行过滤。过滤后,细胞可用少量水洗涤,然后在 40℃下真空干燥,称干重。

以大肠杆菌为例,在液体培养物中细胞的浓度可达 $2×10^8$ 个/mL,100 mL 培养物可得 10～90 mg 干重的细胞。

三、生理指标法

微生物的生长伴随着一系列生理指标发生变化,如酸碱度、发酵液中的含氮量、含糖量、产气量等。与生长量相平行的生理指标很多,它们可作为生长测定的相对值。

1. 含氮量测定法

蛋白质是构成微生物细胞的主要物质,且含量稳定,所以蛋白质的含量可以反映微生物的生长量。而氮又是蛋白质的重要组成元素,因此,可通过菌体含氮量的测定求出蛋白质的含量,并大致算出细胞物质的含量,具体操作是从一定量的培养物中分离出菌体,洗涤后用凯氏定氮法测定其总氮量,再乘以系数 6.25 即得到微生物的粗蛋白质含量。粗蛋白质含量越高,说明菌体数和细胞物质量越高,这种方法只适用于菌体浓度较高的样品。由于操作过程繁琐,因此主要用于研究工作。

2. 含碳量测定法

微生物新陈代谢的结果,必然要消耗或产生一定量的物质,以表示微生物的生长量。一般生长旺盛时消耗的物质就多,积累的某种代谢产物也多。将少量(干重为 0.2～2.0 mg)生物材料混入 1 mL 水或无机缓冲液中,用 2 mL 2% 重铬酸钾溶液,在 100℃下加热 30 min,冷却后加水稀释至 1 mL,在 580 nm 波长下测定光密度值(用试剂作空白对照,并用标准样品作标准曲线),即可推算出生长量。

3. DNA 含量测定法

微生物细胞的 DNA 含量较稳定,因此,可用 DNA 含量来反映微生物的生长量。具体操作是采用适当的荧光指示剂与菌体 DNA 作用,再利用荧光比色或分光光度计法测得 DNA 的含量。另外,每个细菌的 DNA 含量相当恒定,平均为 $8.4×10^{-5}$ ng,可以根据 DNA 含量计算出细菌数量。

4.其他生理指标法

如测定磷、RNA、ATP、DAP 等的含量。此外,产酸、产气、耗氧、黏度和产热等指标,有时也应于生长量测定。

四、丝状微生物菌丝长度的测定

对于丝状微生物,特别是丝状真菌,通常是通过测定其菌丝的长度变化来反映它们的生长速率,方法如下。

(1)培养基表面菌体生长速率测定法　主要测定一定时间内在琼脂培养基表面的菌落直径的增加值。

(2)培养料中菌体速率测定法　主要测定一定时间内在固体培养料(如栽培食用菌的棉籽壳麸皮培养料)中菌丝体向前延伸的距离。

(3)单个菌丝顶端生长速率测定法　可在显微镜下借助目镜测微尺测定在一定时间内单个菌丝的伸长长度。为了维持菌丝生长,可在载玻片上先用双面胶做一个小室,内盛培养液,将菌丝置于小室后,盖上盖玻片,置显微镜下观察测定。

任务四　霉菌生长量测定

◎ 任务目标

学习微生物生长量测定的原理和基本方法,能用不同的方法对微生物进行生长量的测定。

◎ 实施条件

(1)菌种　尖镰孢菌(黄瓜枯萎病专化型)菌种。

(2)培养基　PDA 培养基(液/固)。

(3)器材　无菌水、恒温培养摇床、超净工作台、恒温培养箱、手提式高压蒸汽灭菌锅、烘箱、打孔器、定性滤纸、直尺等。

◎ 操作步骤

(一)菌丝长度测量法

以无菌操作挑取一小块带尖镰孢菌菌丝的培养基接种于 PDA 平板中央,在 28℃条件下,培养 7 d。用直径 0.8 cm 的无菌打孔器打下接种块,置直径 9.0 cm PDA 平板的中央。在接下来的 7 d 内每隔 12 h 测量一次菌丝的生长长度,直到菌丝掩盖全皿为止。求出菌丝的平均生长速率,并据此绘制出生长曲线。

(二)菌丝干/湿重法

将培养 7 d 的尖镰孢菌 PDA 平板用打孔器打下数个菌块,取 3 片菌块分别放入 3 瓶 50 mL/250 mL PDA 液体培养基中,1 片菌块放入 50 mL/250 mL 无菌水中,30℃ 200 r/min 摇瓶培养 7 d。后用定性滤纸过滤,收集菌丝,测出湿重后。将菌丝置于 80℃烘箱中烘干至恒重,再测出的菌丝重量即为干重。

◉ 结果分析

将计数结果填入下表中。

菌种	菌丝长度/mm						
	1 d	2 d	3 d	4 d	5 d	6 d	7 d
尖镰孢菌							

菌丝重量/g							
湿重				干重			
1	2	3	平均	1	2	3	平均

◉ 问题与思考

(1)为什么要用打孔器来打接种块?
(2)试比较菌丝长度测量法和菌丝干/湿重法的优缺点。

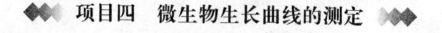

项目四　微生物生长曲线的测定

> 知识目标　学习微生物生长曲线的特点,掌握测定的方法和原理。
> 能力目标　学习微生物生长曲线测定方法,会测定微生物的生长曲线。

◉ 必备知识

在纯培养条件下,一次培养或分批培养,且将微生物置于一定容积的培养中所进行的培养,微生物生长的一般规律是:开始缓慢,逐渐加快,到达最高阶段后,又逐步下降,直至衰老死亡。在适应的条件下培养,定时取样,测定其菌数,以菌数的对数为纵坐标,以生长时间为横坐标绘制而成的曲线,称为细菌的生长曲线。细菌的生长曲线一般可以分为 4 个时期(图 3-8)。

(1)延迟期　也叫缓慢期,少量菌种接种到液体培养基中,在开始一段时间内,细菌总数不增加,生长速度近乎零,称延迟期。这一阶段菌体虽不分裂,但细胞生理活性很活跃,菌体体积增长很快,对外界不利因素较为敏感,产生延迟期的原因是在新环境中,细胞合成一些新的酶或产生一些中间代谢产物,需要一个调整代谢活动的时期。延迟期的长短与菌种特性,接种量、菌龄和培养基成分有关。为了缩短延迟期,生产上常采用加大接种量,在种子培养基中加入发酵培养基中的某些成分和最适龄接种等措施。

（2）对数期　又称指数期，该时期的菌体数目按几何级数增加。每次分裂的间隔时间（世代时间）缩到最短。此期菌体较小，整齐，健壮，染色均匀，细胞生理活性旺盛。碳源消耗也最快，需供应足够的碳源和氮源。用对数期的微生物做种用，可以大大缩短延迟期。

（3）稳定期　也叫平衡期，培养液中的营养物质大量被消耗，不利的代谢产物如 CO_2、有机物等逐渐积累，一些离子 pH 等条件的变化，妨碍了细菌正常生长，生活力开始衰退，分裂速度减慢，死亡率增加，繁殖率与死亡率逐渐出现平衡，活细胞总数维持在最高水平，曲线停止上升，称为平衡期。这个时期细胞体内积累的代谢产物逐渐增多，是发酵产物生成的重要时期，如果能通过补料、调节 pH 等措施使平衡期延长，可以积累更多的代谢产生。

（4）衰亡期　环境条件变得不适应细胞生长，生长速度越来越慢，死亡细胞大量增加，曲线急剧下降，所以称为衰亡期。衰亡期细胞出现不规则或畸形。

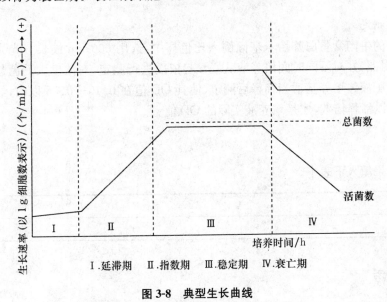

图 3-8　典型生长曲线

任务五　比浊法测定大肠杆菌的生长曲线

◉ 任务目标

学习微生物生长量测定的原理和基本方法，能用不同的方法对微生物进行生长量的测定。

◉ 实施条件

（1）菌种　大肠杆菌。

（2）培养基　牛肉膏蛋白胨液体培养基。

（3）器材　721 分光光度计、比色杯、恒温摇床、无菌吸管、试管、三角瓶。

◉ **操作步骤**

　1. 制备菌液

取大肠杆菌斜面菌种 1 支,以无菌操作挑取 1 环菌苔,接入牛肉膏蛋白胨培养液中,静置培养 18 h。

　2. 标记编号

取盛有 50 mL 无菌牛肉膏蛋白胨培养液的 250 mL 三角瓶 11 个,分别编号为 0、1.5、3、4、6、8、10、12、14、16、20 h。

　3. 接种培养

用 2 mL 无菌吸管分别准确吸取 2 mL 菌液加入已编号的 11 个三角瓶中,于 37℃ 下振荡培养。然后分别按对应时间将三角瓶取出,立即放入冰箱中贮存,待培养结束时一同测定 OD 值。

　4. 生长量测定

将未接种的牛肉膏蛋白胨培养基倾倒入比色杯中,选用 600 nm 波长分光光度计调节零点,作为空白对照,并对不同时间培养液从 0 h 起依次进行测定,对浓度大的菌悬液用未接种的牛肉膏蛋白胨液体培养基适当稀释后测定,使其 OD 值在 0.10～0.65 以内,经稀释后测得的 OD 值要乘以稀释倍数,才是培养液实际的 OD 值。

◉ **结果分析**

将计数结果填入下表中。

时间/h	0	1.5	3	4	6	8	10	12	14	16	20
OD 值(600 nm)											

◉ **问题与思考**

此次任务中是用比浊法进行生长量的测定,如果改用平板菌落计数法测定生长量,得到的生长曲线会有哪些不同? 两者各有何优缺点?

单元四　微生物的分离与纯化

◆◆◆ 项目一　微生物的分离与纯化 ◆◆◆

> **知识目标**　学习从混杂的微生物群体中分离与纯化微生物菌种的方法。
> **技能目标**　掌握微生物的分离纯化技术。

◉ 必备知识

　　自然界中各种微生物混杂生活在一起,即使取很少量的样品也是许多微生物共存的群体。我们要想研究或利用某一微生物,必须把混杂的微生物类群分离开来,以对单一微生物进行培养。微生物学中将在实验室条件下从一个细胞或一种细胞群繁殖得到的后代称为纯培养。微生物的分离纯化通常是研究和利用微生物的基础,是微生物工作中最重要的环节之一,最常用的方法有划线法、稀释平板法、单细胞挑取法及利用选择培养基分离法等。

一、划线法

　　用接种环蘸取少许待分离的样品,在冷凝后的琼脂培养基表面连续划线,随着接种环在培养基上的移动,菌体被分散,经保温培养后,可形成菌落。划线的开始部分,分散度小,形成的菌落往往是连在一起。由于连续划线,菌体逐渐减少,当划线到最后时菌体最少。

　　将已熔化的培养基倒入无菌平皿,冷却凝固后,用接种环蘸取少许待分离的材料,在培养基表面进行平行划线、扇形划线或其他形式的连续画线,微生物将随着划线次数的增加而分散(图4-1)。在划线开始的部分菌体分散度小,形成的菌落往往连在一起。由于连续画线,微生物逐渐减少,划到最后,有可能形成由一个细胞繁殖而来的单菌落,获得纯培养。用其他工具如弯形玻璃代替接种环,在培养基表面涂布,亦可得到同样效果。此法特点是快捷、方便、便于得到目的性状的单克隆。

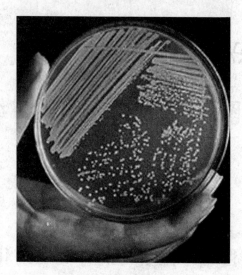

图 4-1　微生物的划线法

二、稀释平板法

稀释平板法是一种将样品稀释到能在平板培养基上形成菌落,再挑取单菌落进行培养以获得纯菌种的方法。

1. 稀释倾注分离法

稀释倾注分离法是将待分离的材料用无菌水作一系列的稀释(如 1∶10、1∶100、1∶1 000、1∶10 000 ……),分别取不同稀释液少许,与已熔化并冷却至 45℃左右的琼脂培养基混合,摇匀后倾入无菌培养皿中,待琼脂培养基凝固后,保温培养一定时间即可有菌落出现。如果稀释得当,在平板表面或琼脂培养基中就可出现分散的单个菌落,这个菌落可能就是由一个细菌细胞繁殖形成的。随后挑取该单个菌落,并重复以上操作数次,便可得到纯培养。

2. 稀释涂布分离法(图 4-2)

稀释涂布分离法是先将培养基熔化,在火焰旁注入培养基,制成平板,然后将待分离的材料用无菌水作一系列的稀释(如 1∶10、1∶100、1∶1 000、1∶1 0000、……),无菌操作吸取菌悬液 0.2 mL 放入平板中,用无菌涂布棒在培养基表面轻轻涂布均匀,倒置培养,挑取单个菌落,重复以上操作或划线即可得到纯培养。

三、单细胞挑取法

单细胞挑取法是从待分离的材料中挑取一个细胞来培养,从而获得纯培养。其具体操作是将显微镜挑取器装置在显微镜上,把一滴待分离菌悬液置于载玻片上,在显微镜下用安装在显微镜挑取器上的极细的毛细吸管对准某一个单独的细胞挑取,再接种到培养基上培养后即可得到纯培养(图 4-3)。此法对操作技术有较高要求,难度较大,多限于高度专业化的科学研究中采用。

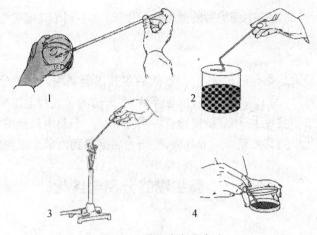

图 4-2 稀释涂布分离法

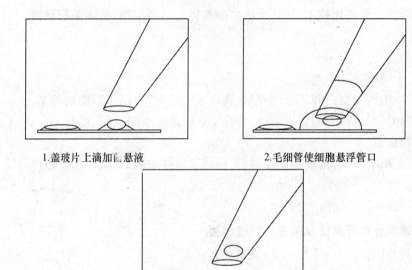

1.盖玻片上滴加菌悬液　　　　2.毛细管使细胞悬浮管口

3.吸取悬浮细胞

图 4-3 单细胞挑取法

四、选择培养基分离法

不同的微生物生长需要不同的营养物质和环境条件,如 pH、碳源、氮源等。各种微生物对于化学试剂、消毒剂、染料、抗生素以及其他的物质都有不同程度的反应和抵抗能力。因此,利用微生物的这些特性可配制成只适合某种微生物生长而不适合其他微生物生长的培养基,进行纯种分离。例如,从土壤中分离放线菌时,可在培养基中加入 10％的酚数滴以抑制细菌和霉菌的生长;采用马丁琼脂培养基分离霉菌时可在培养基中加入链霉菌以抑制细菌生长。

另外,在分离某种微生物时还可以将待分离的样品进行适当处理,以消除部分不需要的微生物,提高分离概率。例如,在分离有芽孢的细菌时,可在分离前先将样品进行高温处理,杀死营养菌体而保留芽孢。对一些生理类型比较特殊的微生物,为了提高分离概率,可在特定的环境中先进行富集培养,帮助所需的特殊生理类型的微生物的生长,而不利于其他类型微生物的生长。

五、小滴分离法

将长滴管的顶端经火焰熔化后拉成毛细管,然后包扎灭菌备用。将欲分离的样品制成均匀的菌悬液,并作适当稀释。用无菌毛细管吸取悬浮液,在无菌的盖玻片上以纵横成行的方式滴数个小滴。倒置盖玻片于凹载片上,用显微镜检查。当发现某一小滴内只有单个细胞或孢子时,用另一只无菌毛细管将此小滴移入新鲜培养基内,经培养后则得到由单个细胞发育的菌落。

任务一　微生物的分离与纯化

◎ **任务目标**

掌握微生物的分离纯化技术,能从土壤中分离纯化得到细菌、放线菌和霉菌。

◎ **实施条件**

(1)菌源　土壤样品。

(2)培养基　牛肉膏蛋白胨琼脂培养基、高氏Ⅰ号培养基、马丁琼脂培养基。

(3)试剂　10%酚液、1%链霉素溶液、盛有 9 mL 无菌水的试管、盛有 90 mL 无菌水并带有玻璃珠的三角烧瓶。

(4)器具　无菌吸管、无菌玻璃涂布器、无菌培养皿接种环、显微镜和恒温培养箱等。

◎ **操作步骤**

(一)从土壤中分离好氧性及兼性厌氧性细菌

1.稀释平板法(图 4-4)——倾注法(混菌法)

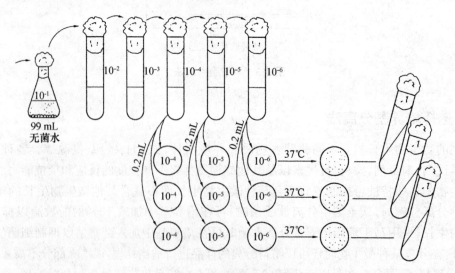

图 4-4　稀释平板法

(1)制备土壤稀释液 称取土样 10 g,放入盛有 90 mL 无菌水并带有玻璃珠的三角瓶中,振摇约 20 min,使土样与水充分混合,将细胞分散。用 1 支 1 mL 无菌吸管从中吸取 1 mL 土壤悬液加入盛有 9 mL 无菌水的试管中充分混匀,然后用无菌吸管从此试管中吸取 1 mL 加入另一盛有 9 mL 无菌水的试管中,混合均匀,依此类推制成 10^{-1}、10^{-2}、10^{-3}、10^{-4}、10^{-5}、10^{-6} 不同稀释度的土壤溶液。

温馨提示:在土壤稀释分离操作中,每稀释 10 倍,最好更换一次移液管,使计数准确。

(2)混合平板的制作 将无菌平皿底面上分别用记号笔写上 10^{-4}、10^{-5} 和 10^{-6} 3 种稀释度,然后用无菌吸管分别由 10^{-4}、10^{-5} 和 10^{-6} 3 管土壤稀释液中各吸取 1 mL,对号放入已写好稀释度的无菌平皿中。每个稀释度做 3 个重复。

将牛肉膏蛋白胨琼脂培养基加热熔化,并冷却至 45～50℃后,右手持盛培养基的三角瓶置火焰旁边,用左手将瓶塞轻轻地拔出,瓶口保持对着火焰;左手拿已加有土壤稀释液的培养皿并将皿盖在火焰附近打开一缝,迅速倒入培养基约 15 mL,加盖后轻轻摇动培养皿,使培养基和土壤稀释液充分混匀,然后平置于桌面上,待冷凝后即制成平板。

(3)培养 将平板倒置于 37℃温室恒温箱中培养 24 h。

(4)平板菌落形态及个体形态观察 从不同平板上选择不同类型菌落用肉眼观察,区分细菌、放线菌、酵母菌和霉菌的菌落形态特征。并用接种环挑菌,看其与基质的紧密程度。再用接种环挑取不同菌落制片,在显微镜下进行个体形态观察。记录所分离的含菌样品中明显不同的各类菌株的主要菌落特征和细胞形态。检查是否为单一的微生物。若发现有杂菌,需再一次进行分离、纯化,直到获得纯培养。

(5)挑菌落 在平板上选择分离效果好,认为已经纯化的菌落用接种环转接斜面。细菌接种于牛肉膏蛋白胨斜面上。

贴好标签,将菌株编号,在各自适宜的温度下培养。待菌苔长出之后,检查其特征是否一致,同时将所得菌制片染色后,用显微镜检查是否为单一的微生物,如果发现有杂菌,需要进一步用划线法分离、纯化,直到获得纯培养。

2.稀释平板法——涂布法(图 4-5)

(1)制备土壤稀释液 同"倾注法"。

(2)倒平板 将已灭菌的牛肉膏蛋白胨琼脂培养基加热熔化,待冷却至 45～50℃时,向无菌平皿中倒入适量培养基,待冷凝后制成平板。本实验制作 9 个平板。

倒平板的方法:右手持盛培养基的试管或三角瓶置火焰旁边,用左手将试管塞或瓶塞轻轻地拔出,试管或瓶口保持对着火焰;然后左手拿培养皿并将皿盖在火焰附近打开一缝,迅速倒入培养基约 15 mL,加盖后轻轻摇动培养皿,使培养

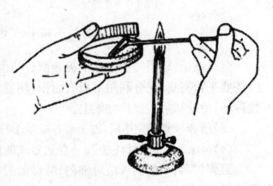

图 4-5 涂布法

基均匀分布在培养皿底部,然后平置于桌面上,待凝后即为平板。

(3)涂布 在制作好的平板底面分别用记号笔写上 10^{-4}、10^{-5} 和 10^{-6} 3 种稀释度,每个稀释度 3 个平板。然后用无菌吸管分别由 10^{-4}、10^{-5} 和 10^{-6} 3 管土壤稀释液中各吸取 0.1 mL,对号放入已写好稀释度的平板中,用无菌玻璃涂布器在培养基表面轻轻地涂布均匀,室温下静

置 5～10 min,使菌液吸附进培养基。

平板涂布方法:将 0.1 mL 菌悬液小心地滴在平板培养基表面中央位置(0.1 mL 的菌液要全部滴在培养基上,若吸管尖端有剩余的,将吸管在培养基表面上轻轻地按一下便可)。右手拿无菌涂布器平放在平板培养基表面上,将菌悬液先沿一条直线轻轻地来回推动,使之分布均匀,然后改变方向沿另一垂直线来回推动,平板内边缘处可改变方向用涂布器再涂布几次。

(4)培养和挑菌落　同"倾注法"。

3.平板划线分离法

(1)倒平板　倒平板,并用记号笔标明培养基名称、组别和实验日期。

(2)划线　在近火焰处,左手拿皿底,右手拿接种环,挑取上述 10^{-1} 的土壤悬液一环在平板上划线。划线的方法很多,但无论采用哪种方法,其目的都是通过划线将样品在平板上进行稀释,使之形成单个菌落。

常用的划线方法有下列 2 种:①交叉划线法,用接种环以无菌操作挑取土壤悬液一环,先在平板培养基的一边作第一次平行划线 3～4 条,再转动培养皿约 70°角,并将接种环上剩余物烧掉,待冷却后通过第 1 次划线部分作第 2 次平行划线,再用同样的方法通过第 2 次划线部分作第 3 次划线,通过第 3 次平行划线部分作第 4 次平行划线;②连续划线法,将挑取有样品的接种环在平板培养基上作连续划线(图 4-6)。

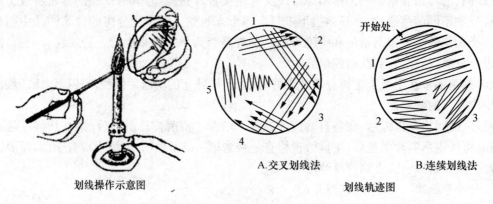

划线操作示意图　　　　A.交叉划线法　　　B.连续划线法

划线轨迹图

图 4-6　划线操作示意图

温馨提示:以手腕力量在平板表面轻巧滑动划线,接种环不要嵌入培养基内划破培养基,线条要平行密集,充分利用平板表面积,注意勿使前后 2 条线重叠,划线完毕,关上皿盖,灼烧接种环,待冷却后放置接种架上。

(3)培养　划线完毕后,盖上培养皿盖,倒置于 37℃恒温箱中培养 1～2 d,即可出现单个菌落。

(4)挑菌落　同"倾注法",一直到分离的微生物认为纯化为止。

温馨提示:平板划线法对细菌、酵母菌的分离较为适宜,而霉菌和放线菌的分离多采用稀释平板法进行。

以上各种分离方法都应该按无菌操作进行。所用培养基若在倒平板前,按终浓度 50 $\mu g/mL$ 的量加入用乙醇溶解的制霉菌素或放线菌酮,可起到抑制霉菌的作用,分离细菌的效果会更好。

(二)从土壤中分离放线菌

分离放线菌的稀释平板法同前,其不同点主要在于:①由于放线菌与细菌所要求的营养条件不同,因此,分离放线菌采用高氏I号琼脂培养基平板;②在培养基冷却至 45～50℃,倒平板之前,需要向此培养基中加入 10%苯酚溶液数滴,以抑制细菌生长。也可以在制备土壤稀释液时,在100 mL 无菌水的三角瓶中加入 10%苯酚溶液 10 滴;③培养条件为 28℃恒温箱中培养 5～7 d。

温馨提示:放线菌的培养时间较长,故制平板的培养基用量可适当增多。

(三)从土壤中分离霉菌

分离霉菌的稀释平板法同前,其不同点主要在于:①分离霉菌采用马丁琼脂培养基平板;②在培养基冷却至 45～50℃倒平板之前,需要向每 100 mL 培养基中加入 1%链霉素溶液0.3 mL,使其终浓度为 30 μg/mL,以抑制细菌和放线菌的生长;③培养条件为 28℃恒温箱中培养 3～4 d。

◉ 结果分析

(1)将记录三大类微生物的分离方法及培养条件填入下表。

分离对象	样品来源	分离方法	稀释度	培养基	培养温度	培养时间
细菌						
放线菌						
霉菌						

(2)将你所分离样品中单菌落的菌落特征与镜检形态填入下表。

分离培养基	菌株编号	菌落特征	精简形态

(3)将斜面培养条件及菌苔特征(包括纯化结果)填入下表。

微生物	培养基名称	培养温度	培养时间	菌苔特征	纯化程度
细菌					
放线菌					
霉菌					

◉ 问题与思考

(1)你所做的稀释平板法和平板划线法是否较好地得到了单菌落? 如果不是,请分析其原因并重做。

(2)如何确定平板上某单个菌落是否为纯培养? 请写出实验的主要步骤。

(3)为什么高氏Ⅰ号琼脂培养基和马丁琼脂培养基中要分别加入酚和链霉素? 如果用牛肉膏蛋白胨琼脂培养基分离一种对青霉素具有抗性的细菌,你认为应如何做?

(4)如果一项科学研究内容需从自然界中筛选到能产高温蛋白酶的菌株,你将如何完成? 请写出简明的实验方案(提示:产蛋白酶菌株在酪素平板上形成降解酪素的透明圈)。

单元五　微生物的生理生化检验

　项目一　微生物对生物大分子水解利用的检验　

> **知识目标**　了解生理生化反应在微生物鉴定中的重要作用,掌握生理生化反应实验方法及原理。
>
> **能力目标**　掌握微生物对生物大分子等分解利用情况的检测技术。

◎ 必备知识

微生物生理生化反应的多样性在自然界产生了 2 种结果:第一种是使自然界的有机分子都有可能得到分解;第二种是使不同微生物之间有了互相作用和互相依赖的基础。例如,一种微生物能利用另一种微生物所分解的产物,或者一种微生物的产物可抑制或杀死另一种微生物。因此,微生物的生理生化反应也被作为微生物鉴定和分类的内容。

获得微生物的纯培养后,首先判定是原核微生物还是真核微生物,这实际上在分离过程中所使用的方法和选择性培养基已经决定了分离菌株的大类的归属,从平板菌落的特征和液体培养的性状都可加以判定。不同的微生物往往有自己不同的重点鉴定指标。例如,在鉴定形态特征较为丰富、形体较大的真菌等微生物时,常以其形态特征为主要指标;在鉴定放线菌和酵母菌时,往往形态特征和生理特征兼用;而在鉴定形态特征较少的细菌时,则需使用较多的生理、生化和遗传等指标。不同的微生物往往使用不同的权威鉴定手册。例如,在细菌鉴定方面多使用《伯杰氏系统细菌学手册》(原名《伯杰氏鉴定细菌学手册》);在鉴定放线菌时,可以参照中国科学院微生物研究所分类组编著的《链霉菌鉴定手册》;在鉴定真菌时,可以参照《安·贝氏菌词典》和中国科学院微生物研究所编著的《常见与常用真菌》。另外,荷兰罗德编著的《酵母的分类研究》,对酵母菌的分类有很大的实用价值。

通常把微生物鉴定技术分成 4 个不同水平:①细胞的形态和习性水平;②细胞组分水平;③蛋白质水平;④基因组水平。按其分类的方法可分为经典分类鉴定方法(主要以细胞的形态和习性为鉴定指标)和现代分类鉴定方法(化学分类、遗传学分类法和数值分类鉴定法)。

一、微生物的经典分类鉴定方法

微生物经典分类鉴定方法是 100 多年来进行微生物分类鉴定的传统方法，主要的分类鉴定指标是以细胞形态和习性为主，主要包括形态学特征、生理生化反应特征、生态学特征以及血清学反应、对噬菌体的敏感性等，在鉴定时，把这些依据作为鉴定项目，进行一系列的观察和鉴定工作。

（一）鉴定指标

1. 形态学特征

（1）细胞形态　在显微镜下观察细胞外形大小、形状、排列等，细胞构造，革兰氏染色反应，能否运动，鞭毛着生部位和数目，有无芽孢和荚膜，芽孢的大小和位置，放线菌和真菌的繁殖器官的形状、构造，孢子的数目、形状、大小、颜色和表面特征等。

（2）群体形态　群体形态通常是指以下情况的特征：在一定的固体培养基上生长的菌落特征，包括外形、大小、光泽、黏稠度、透明度、边缘、隆起情况、正反面颜色、质地、气味、是否分泌水溶性色素等；在一定的斜面培养基上生长的菌苔特征，包括生长程度、形状、边缘、隆起、颜色等；在半固体培养基上经穿刺接种后的生长情况；在液体培养基中生长情况，包括是否产生菌膜，均匀浑浊还是发生沉淀，有无气泡，培养基的颜色等。如是酵母菌，还要注意是成醭状、环状还是岛状。

2. 生理生化反应特征

（1）利用物质的能力　包括对各种碳源利用的能力（能否以 CO_2 为唯一碳源、各种糖类的利用情况等）、对各种氮源的利用能力（能否固氮、硝酸盐和铵盐利用情况等）、能源的要求（光能还是化能、氧化无机物还是氧化有机物等）、对生长因子的要求（是否需要生长因子以及需要什么生长因子等）等。

（2）代谢产物的特殊性　这方面的鉴定项目非常多，如是否产生 H_2S、吲哚、CO_2、醇、有机酸，能否还原硝酸盐，能否使牛奶凝固、胨化等。

（3）与温度和氧气的关系　测出适合某种微生物生长的温度范围以及它的最适生长温度、最低生长温度和最高生长温度。对氧气的关系，看它是好氧、微量好氧、兼性好氧、耐氧还是专性厌氧。

3. 生态学特征

生态学特征主要包括它与其他生物之间的关系（是寄生还是共生，寄主范围以及致病的情况）、在自然界的分布情况（pH 情况、水分程度等）、渗透压情况（是否耐高渗、是否有嗜盐性等）等。

4. 血清学反应

很多细菌有十分相似的外表结构（如鞭毛）或有作用相同的酶（如乳酸杆菌属内各种细菌都有乳酸脱氢酶）。虽然它们的蛋白质分子结构各异，但在普通技术（如电子显微镜或生化反应）下，仍无法分辨它们。然而，利用抗原与抗体的高度敏感特异性反应，就可用来鉴别相似的菌种，或对同种微生物分型。

用已知菌种、型或菌株制成的抗血清与待鉴定的对象是否发生特异性的血清学反应来鉴定未知菌种、型或菌种，该法常用于肠道菌、噬菌体和病毒的分类鉴定。利用此法，已将伤寒杆菌、肺炎链球菌等菌分成数十种菌型。

5.生活史

生物的个体在一生的生长繁殖过程中,经过不同的发育阶段。这种过程对特定的生物来讲是重复循环的,常称为该种生物的生活周期或生活史。各种生物都有自己的生活史。在分类鉴定中,生活史有时也是一项指标,如黏细菌就是以它的生活史作为分类鉴定的依据。

6.对噬菌体的敏感性

与血清学反应相似,各种噬菌体有其严格的宿主范围。利用这一特性,可以用某一已知的特异性噬菌体鉴定其相应的宿主,反之亦然。

(二)鉴定方法

微生物经典分类鉴定法的特点是人为地选择几种形态生理生化特征进行分类,并在分类中将表型特征分为主、次。一般在科以上分类单位以形态特征,而科以下分类单位以形态及和生理生化特征加以区分。其鉴定步骤是首先在微生物分离培养过程中,初步判定分离菌株大类的归属,然后上述经典分类鉴定指标进行鉴定,最后采用双歧法整理实验结果,排列一个个的分类单元,形成双歧法检索表。

二、大分子物质水解实验原理

微生物的胞外酶(如淀粉酶、脂肪酶等)将大分子物质的分解过程可以通过观察细菌菌落周围的物质变化来证实。

有些微生物能产生淀粉酶,将培养基中的淀粉水解为小分子的糊精、双糖和单糖。此过程可通过观察细菌菌落周围的物质变化来证实,淀粉遇碘会变蓝,但淀粉被水解的区域,用碘测定不再产生蓝色。

有些微生物能产生脂肪酶,将培养基中的脂肪水解为甘油和脂肪酸。通过在培养基加入中性红指示剂可检测出脂肪酸的产生。中性红指示范围为 pH 6.8(红)~8.0(黄)。当细菌分解脂肪产生脂肪酸时,培养基 pH 下降,菌落周围培养基出现红色斑点。

明胶是由胶原蛋白经水解产生的蛋白质。在 25℃ 以下可维持凝胶状态,以固体形式存在,而在 25℃ 以上明胶就会液化。有些微生物能产生水解明胶的蛋白酶,使明胶分解,凝固性降低,甚至在 4℃ 仍能保持液化状态。

◉ 拓展知识

一、微生物的新陈代谢

微生物的新陈代谢是指发生在微生物细胞中的分解代谢与合成代谢的总和。微生物代谢虽有着与其他生物代谢的统一性,但其特殊性更为突出。微生物代谢的显著特点是:①代谢旺盛;②代谢极为多样化;③代谢的严格调节和灵活性。

分解代谢是指细胞将大分子物质降解成小分子物质,并在这个过程中产生能量。一般可将分解代谢分为 3 个阶段(图 5-1):第 1 阶段是将蛋白质、多糖及脂类等大分子营养物质降解成氨基酸、单糖及脂肪酸等小分子物质;第 2 阶段是将第 1 阶段产物进一步降解成更为简单的乙酰辅酶 A、丙酮酸以及能进入三羧酸循环的某些中间产物,在这个阶段会产生一些 ATP、

NADH 及 FADH$_2$；第 3 阶段是通过三羧酸循环将第二阶段产物完全降解生成 CO$_2$，并产生 ATP、NADH 及 FADH$_2$。第 2 和第 3 阶段产生的 ATP、NADH 及 FADH$_2$ 通过电子传递链被氧化，可产生大量的 ATP。

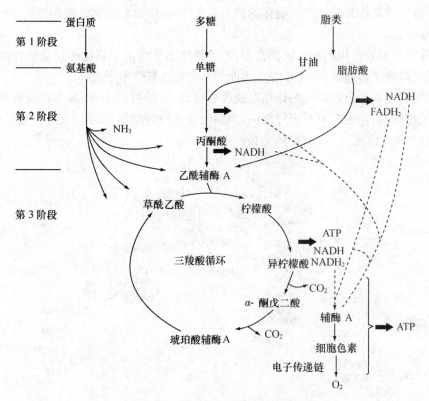

图 5-1　分解代谢的 3 个阶段

合成代谢是指细胞利用简单的小分子物质合成复杂大分子的过程，在这个过程中要消耗能量。合成代谢所利用的小分子物质来源于分解代谢过程中产生的中间产物或环境中的小分子营养物质。

二、微生物的产能代谢

1. 生物氧化

分解代谢实际上是物质在生物体内经过一系列连续的氧化还原反应，逐步分解并释放能量的过程，这个过程也称为生物氧化，是一个产能代谢过程。

2. 异养微生物的生物氧化

根据氧化还原反应中电子受体的不同，可将微生物细胞内发生的生物氧化反应分成发酵和呼吸 2 种类型，而呼吸又可分为有氧呼吸和无氧呼吸 2 种方式。

（1）发酵　发酵是指微生物细胞将有机物氧化释放的电子直接交给底物本身未完全氧化的某种中间产物，同时释放能量并产生各种不同的代谢产物。

不同的细菌进行乙醇发酵时，其发酵途径也各不相同。许多细菌能利用葡萄糖产生乳酸，这类细菌称为乳酸细菌。

(2)呼吸 微生物在降解底物的过程中,将释放出的电子交给 NAD(P)$^+$、FAD 或 FMN 等电子载体,再经电子传递系统传给外源电子受体,从而生成水或其他还原型产物并释放出能量的过程,称为呼吸作用。

其中,以分子氧作为最终电子受体的称为有氧呼吸,以氧化型化合物作为最终电子受体的称为无氧呼吸。

呼吸作用与发酵作用的根本区别在于:电子载体不是将电子直接传递给底物降解的中间产物,而是交给电子传递系统,逐步释放出能量后再交给最终电子受体。

有氧呼吸:葡萄糖经过糖酵解作用形成丙酮酸,在发酵过程中,丙酮酸在厌氧条件下转变成不同的发酵产物;而在有氧呼吸过程中,丙酮酸进入三羧酸循环(图 5-2),简称三羧酸循环,被彻底氧化生成 CO_2 和水,同时释放大量能量。

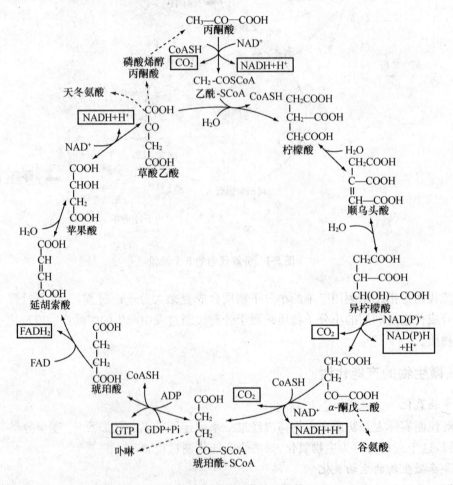

图 5-2 三羧酸循环

无氧呼吸:某些厌氧和兼性厌氧微生物在无氧条件下进行无氧呼吸。无氧呼吸的最终电子受体不是氧,而是像 NO_3^-、NO_2^-、SO_4^{2-}、CO_2 等这类外源受体。无氧呼吸也需要细胞色素等电子传递体,并在能量分级释放过程中伴随有磷酸化作用,也能产生较多的能量用于生命活动。但由于部分能量随电子转移传给最终电子受体,所以生成的能量不如有氧呼吸产生的多。

3.自养微生物的生物氧化

(1)氨的氧化 NH_3同亚硝酸(NO_2^-)是可以用作能源的最普通的无机氮化合物,能被硝化细菌所氧化,硝化细菌可分为 2 个亚群:亚硝化细菌和硝化细菌。氨氧化为硝酸的过程可分为 2 个阶段,先由亚硝化细菌将氨氧化为亚硝酸,再由硝化细菌将亚硝氧化为硝酸。

(2)硫的氧化 硫杆菌能够利用一种或多种还原态或部分还原态的硫化合物(包括硫化物、元素硫、硫代硫酸盐、多硫酸盐和亚硫酸盐)作为能源。

(3)铁的氧化 从亚铁到高铁状态的铁的氧化,对于少数细菌来说也是一种产能反应,但从这种氧化中只有少量的能量可以被利用。

(4)氢的氧化 氢细菌都是一些呈革兰氏阴性的兼性化能自氧菌。它们能利用分子氢氧化产生的能量同化 CO_2,也能利用其他有机物生长。

4.能量转换

(1)底物水平磷酸化 物质在生物氧化过程中,常生成一些含有高能键的化合物,而这些化合物可直接偶联 ATP 或 GTP 的合成,这种产生 ATP 等高能分子的方式称为底物水平磷酸化。底物水平磷酸化既存在于发酵过程中,也存在于呼吸作用过程中。例如,在 EMP 途径中,1,3-二磷酸甘油酸转变为 3-磷酸甘油酸以及磷酸烯醇式丙酮酸转变为丙酮酸的过程中都分别偶联着 1 分子 ATP 的形成;在三羧酸循环过程中,琥珀酰辅酶 A 转变为琥珀酸时偶联着 1 分子 GTP 的形成。

(2)氧化磷酸化 物质在生物氧化过程中形成的 NADH 和 $FADH_2$可通过位于线粒体内膜和细菌质膜上的电子传递系统将电子氧或其他氧化型物质,在这个过程中偶联着 ATP 的合成,这种产生 ATP 的方式称为氧化磷酸化。1 分子 NADH 和 $FADH_2$可分别产生 3 个和 2 个 ATP。

(3)光合磷酸化 光合细菌主要通过环式光合磷酸化作用产生 ATP,这类细菌主要包括紫色硫细菌、绿色硫细菌、紫色非硫细菌和绿色非硫细菌。在光合细菌中,吸收光量子而被激活的细菌叶绿素释放出高能电子,于是这个细菌叶绿素分子即带有正电荷。所释放出来的高能电子顺序通过铁氧还蛋白、辅酶 Q、细胞色素 b 和 c,再返回到带正电荷的细菌绿素分子。在辅酶 Q 将电子传递给细胞色素 c 的过程中,造成了质子的跨膜移动,为 ATP 的合成提供了能量。在这个电子循环传递过程中,光能转变为化学能,故称环式光合磷酸化。环式光合磷酸化可在厌氧条件下进行,产物只有 ATP,无 NADP(H),也不产生分子氧。

三、微生物的代谢调节

1.酶活性调节

酶活性调节的方式主要有 2 种:变构调节和酶分子的修饰调节。

(1)变构调节 在一个由多步反应组成的代谢途径中,末端产物通常会反馈抑制该途径的第 1 个酶,这种酶通常被称为变构酶。

(2)修饰调节 修饰调节是通过共价调节酶来实现的。共价调节酶通过修饰酶催化其多肽链上某些基团进行可逆的共价修饰,使之处于活性和非活性的互变状态,从而导致调节酶的活化或抑制,以控制代谢的速度和方向。

2.分支合成途径调节

(1)同工酶 同工酶是指能催化同一种化学反应,但其酶蛋白本身的分子结构组成却有所不同的一组酶。其特点是:在分支途径中的第 1 个酶有几种结构不同的一组同工酶,每一种代谢终产物只对一种同工酶具有反馈抑制作用,只有当几种终产物同时过量时,才能完全阻止反应的进行。

(2)协同反馈抑制 在分支代谢途径中,几种末端产物同时都过量,才对途径中的第1个酶具有抑制作用。若某一末端产物单独过量则对途径中的第1个酶无抑制作用。

(3)累积反馈抑制 在分支代谢途径中,任何一种末端产物过量时都能对共同途径中的第一个酶起抑制作用,而且各种末端产物的抑制作用互不干扰。当各种末端产物同时过量时,它们的抑制作用是累加的。

(4)顺序反馈抑制 分支代谢途径中的2个末端产物,不能直接抑制代谢途径中的第1个酶,而是分别抑制分支点后的反应步骤,造成分支点上中间产物的积累,这种高浓度的中间产物再反馈抑制第1个酶的活性。因此,只有当2个末端产物都过量时,才能对途径中的第1个酶起到抑制作用。

任务一　微生物对生物大分子水解利用的检验

◎ 任务目标

了解大分子物质水解实验的原理和用途,掌握大分子物质的分解实验的操作步骤。

◎ 实施条件

(1)菌种　枯草芽孢杆菌、大肠杆菌、金黄色葡萄球菌。
(2)培养基　固体油脂培养基、固体淀粉培养基、明胶培养基试管。
(3)溶液或试剂　碘液。
(4)器具　无菌平板、无菌试管、接种环、接种针、试管架。

◎ 操作步骤

(一)淀粉水解试验

将固体淀粉培养基熔化后,冷却至50℃左右,无菌操作制成平板。用记号笔在平板背面的玻璃上做标记,将平板化成两半,一半接种大肠杆菌作为试验菌,另一半接种枯草芽孢杆菌作为阳性对照菌,均用无菌操作划线接种。于(36±1)℃培养24~48 h。打开皿盖,滴加少量碘液于培养基表面,轻轻旋转平皿,使碘液铺满整个平板。立即检视结果,阳性反应(淀粉被水解)为琼脂培养基呈深蓝色、菌落周围出现无色透明环。阴性反应则无透明环。透明环的大小还能说明该菌水解淀粉能力的强弱。

淀粉水解系逐步进行的过程,因而实验结果与菌种产生淀粉酶能力、培养时间、培养基含有淀粉琼脂平板不易保存于冰箱,因而以临用时制备为妥。

(二)油脂水解试验

将溶化的固体油脂培养基冷却至50℃左右时,充分摇荡,使油脂均匀分布。无菌操作倒入平板,待凝。用记号笔在平板底部划成两部分,一半接种枯草芽孢杆菌作为试验菌,另一半接种金黄色葡萄球菌作为阳性对照菌。将上述两种菌分别用无菌操作划"十"字接种于平板的相对应部分的中心。将平板倒置,于37℃温箱中培养24 h。取出平板,观察菌苔颜色,如出现红色斑点说明脂肪水解,为阳性反应。

(三)明胶水解试验

用接种针挑取待试菌培养物,以较大量穿刺接种于明胶高层约2/3深度。将接种后的试管置20℃中,培养2～5 d。观察明胶液化情况。

每天观察结果,若因培养温度高而使明胶液化时应不加摇动,静置冰箱中待其凝固后再观察其是否被细菌液化,如确被液化,即为试验阳性。

◎ 结果分析

将实验结果填入下表,"+"表示阳性,"-"表示阴性。

菌名	淀粉水解试验	脂肪水解试验	明胶液化试验
枯草芽孢杆菌			
大肠杆菌			
金黄色葡萄球菌			

◎ 问题与思考

(1)你怎样解释淀粉酶是胞外酶而非胞内酶?

(2)不利用碘液,你怎样证明淀粉水解的存在?

(3)接种后的明胶试管可以在35℃培养,在培养后你必须做什么才能证明水解的存在?

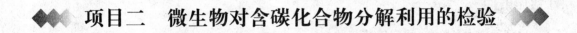

项目二 微生物对含碳化合物分解利用的检验

知识目标 了解微生物分解利用含碳化合物的生理生化反应在微生物鉴定中的重要作用,掌握其实验法及原理。

能力目标 掌握微生物对含碳化合物的分解利用情况的检测技术。

◎ 必备知识

不同细菌对含碳化合物的分解利用能力、代谢途径、代谢产物不完全相同,也就是说,不同微生物具有不同的酶系统。此外,即使在分子生物学技术和手段不断发展的今天,细菌的生理生化反应在菌株的分类鉴定中仍有很大作用。

本实验包括糖或醇发酵试验、甲基红(M. R.)试验、乙酰甲基甲醇(V. P.)试验,现分述其原理。

1. 糖或醇发酵试验

糖发酵试验是最常用的生化反应,在肠道细菌的鉴定上尤为重要。不同细菌分解糖、醇的能力不同,有的细菌分解糖产酸产气,有的产酸而不产气,有的根本不能利用某些糖。酸的产生可以利用指示剂证明,在配制培养基时可预先加入溴甲酚紫(pH 变色范围为 5～7,pH 为 5 时呈黄色,pH 为 7 时呈紫色),当发酵产酸时,可使培养基由紫色变为黄色。有无气体的产生,可从培养液中倒置的杜汉氏管的上端有无气泡判断。

2. 甲基红试验

某些细菌在糖代谢过程中分解培养基中的糖产生丙酮酸,丙酮酸再被分解为甲酸、乙酸、乳酸等,使培养基的 pH 降到 4.5 以下。酸的产生可由在培养液中加入甲基红指示剂的变色来指示。甲基红的变色范围 pH 为 4.2～6.3,pH 为 4.2 时呈红色,pH 为 6.3 时呈黄色,若培养基由原来的橘黄色变为红色,即为甲基红试验阳性。

3. 乙酰甲基甲醇试验

乙酰甲基甲醇试验又称为伏-普试验。某些细菌可分解葡萄糖产生丙酮酸,丙酮酸通过缩合和脱羧反应产生乙酰甲基甲醇,此物在碱性条件下能被空气中的氧气氧化成二乙酰。二乙酰可以与培养基的蛋白胨中精氨酸的胍基作用,生成红色化合物。所以,培养液中有红色化合物产生即为乙酰甲基甲醇试验试验阳性,无红色化合物产生即为乙酰甲基甲醇试验试验阴性。

任务二　糖或醇发酵试验

◎ 任务目标

了解糖或醇发酵试验的原理和用途,掌握糖或醇发酵试验的操作步骤。

◎ 实施条件

(1)菌种　大肠杆菌,沙门氏菌菌种。

(2)培养基　葡萄糖发酵培养基、乳糖发酵培养基、蔗糖发酵培养基、麦芽糖发酵培养基(液体培养基中装置的德汉氏小管)。

(3)器具　试管、试管架,接种环、恒温箱等。

◎ 操作步骤

1. 编号

用记号笔在各试管外壁上分别标明发酵培养基名称和所接种的细菌菌名。

2. 接种

将大肠杆菌分别接入葡萄糖发酵培养基、乳糖发酵培养基、蔗糖发酵培养基、麦芽糖发酵培养基中、每种培养基各 1 支。

将沙门氏菌分别接入葡萄糖发酵培养基、乳糖发酵培养基、蔗糖发酵培养基、麦芽糖发酵培养基中、每种培养基各 1 支。

取葡萄糖发酵培养基、乳糖发酵培养基、蔗糖发酵培养基、麦芽糖发酵培养基各 1 支,不接种,作为对照。

3. 培养

将接种过和作为对照的试管均置 37℃ 培养 24～48 h。

4. 观察

观察各试管颜色变化及德汉氏小管中有无气泡。若培养基由紫色变为黄色,表示产酸,为阳性反应;不变或变蓝(紫)则为阴性反应;德汉氏小管中若有气泡,则产气。

◉ 结果分析

将结果填入下表,产酸产气用"＋＋"表示,只产酸用"＋"表示,不产酸或不产气用"－"表示。

菌名	葡萄糖发酵试验	乳糖发酵试验	蔗糖发酵试验	麦芽糖发酵试验	对照
大肠杆菌					
沙门氏菌					

◉ 问题与思考

假如某种微生物可以有氧代谢葡萄糖,发酵试验应该出现什么结果?

任务三　甲基红试验

◉ 任务目标

了解甲基红试验的原理和用途,掌握甲基红试验的操作步骤。

◉ 实施条件

(1)菌种　大肠杆菌,产气肠杆菌菌种。

(2)培养基　葡萄糖蛋白胨水培养基。

(3)溶液或试剂　甲基红试剂。

(4)器具　试管、试管架,接种环、恒温箱等。

◉ 操作步骤

1. 编号

用记号笔在各试管外壁上分别标明所接种的细菌菌名。

2. 接种与培养

取葡萄糖蛋白胨水培养基试管 3 支,分别接入大肠杆菌、产气肠杆菌,第 3 支不接种,作为对照。在接种后,轻缓摇动试管,使其均匀,防止倒置的小管进入气泡。

3. 培养

将接种过和作为对照的试管均置 37℃ 培养 24～48 h。

4.观察

取出培养好的试管,沿试管壁向试管中加入甲基红试剂 3～4 滴,观察各试管颜色变化及德汉氏小管中有无气泡,呈现红色者为阳性反应,呈现黄色者为阴性反应。

◎ **结果分析**

将结果填入下表,"＋"表示产酸或产气,"－"表示不产酸或不产气。

项目	大肠杆菌	产气肠杆菌	对照
甲基红试验			

◎ **问题与思考**

在甲基红试验中,如何避免假阳性反应?

任务四　乙酰甲基甲醇试验

◎ **任务目标**

了解乙酰甲基甲醇试验的原理和用途,掌握乙酰甲基甲醇试验的操作步骤。

◎ **实施条件**

(1)菌种　大肠杆菌、产气肠杆菌菌种。
(2)培养基　葡萄糖蛋白胨水培养基。
(3)溶液或试剂　6％α-苯酚酒精溶液、40％氢氧化钾溶液或乙酰甲基甲醇试剂。
(4)器具　试管、试管架,接种环、恒温箱等。

◎ **操作步骤**

1.编号
用记号笔在各试管外壁上分别标明所接种的细菌菌名。

2.接种与培养
取葡萄糖蛋白胨水培养基试管 3 支,分别接入大肠杆菌、产气肠杆菌,第 3 支不接种,作为对照。

3.培养
将接种过和作为对照的试管均置 37℃培养 48 h。

4.观察
在上述 3 支试管中分别按培养液 1/2 的量加入 6％α-苯酚酒精溶液,摇匀,再按培养液 1/3 的量加 40％氢氧化钾溶液,充分摇动,观察结果,呈现红色者为乙酰甲基甲醇试验阳性,计做"＋",不呈现红色者,为阴性,记做"－"。但后者应放在 37℃下培养 4 h 再进行观察判定。

◎ **结果分析**

将结果填入下表,"＋"表示阳性反应,"－"表示阴性反应。

项目	大肠杆菌	产气肠杆菌	对照
乙酰甲基 甲醇试验			

 问题与思考

在甲基红试验中，如何避免假阳性反应？

项目三　微生物对含氮化合物分解利用的检验

> **知识目标**　了解微生物分解利用含氮化合物的生理生化反应在微生物鉴定中的重要作用，掌握其实验法及原理。
>
> **技能目标**　掌握微生物对含氮化合物的分解利用情况的检测技术。

◎ 必备知识

不同细菌对含氮化合物的分解利用能力、代谢途径、代谢产物不完全相同，也就是说，不同微生物具有不同的酶系统。此外，微生物对含氮化合物的分解利用的生理生化反应也是菌种分类鉴定的重要依据。

本实验包括吲哚试验、硫化氢产生试验、产氨试验、硝酸盐还原试验及苯丙氨酸脱氨酶试验，现分述其原理。

1. 吲哚试验

有些细菌可分解培养基内蛋白胨中的色氨酸产生吲哚，有些则不能。分解色氨酸产生的吲哚可与对二甲基氨基苯甲醛结合，形成红色的玫瑰吲哚。

2. 硫化氢产生试验

有些细菌能分解蛋白质中含硫氨基酸（如胱氨酸、半胱氨酸、甲硫氨酸）产生硫化氢，硫化氢遇到培养基中的铅盐或铁盐，可产生黑色硫化铅或硫化铁沉淀，从而可以确定硫化氢的产生。

3. 产氨试验

某些细菌能使蛋白质中的氨基酸在各种条件下脱去氨基，生成各种有机酸和氨，氨的产生可通过与氨试剂（如奈氏试剂）起反应而加以鉴定。

4. 硝酸盐还原试验

有些细菌能将硝酸盐还原为亚硝酸盐（另一些细菌还能进一步将亚硝酸盐还原为一氧化氮、二氧化氮和氮等）。如果向培养基中加入对氨基苯磺酸和 α-萘胺（格里斯氏试剂的主要成分），会形成红色的重氮染料对磺胺苯-偶氮-α-萘胺。

5.苯丙氨酸脱氨酶试验

有些细菌能分解苯丙氨酸,苯丙氨酸脱氨后产生苯丙酮酸,苯丙酮酸与三氯亚铁($FeCl_3$)反应形成绿色化合物。

任务五　微生物对含氮化合物分解利用的检验

◎ 任务目标

了解含氮化合物分解利用的原理和用途,掌握含氮化合物分解实验的操作步骤。

◎ 实施条件

(1)菌种　大肠埃希氏菌、产气肠杆菌、普通变形杆菌。

(2)培养基　蛋白胨水培养基、硫化氢微量发酵管、牛肉膏蛋白胨液体培养基、硝酸盐还原试验培养基、苯丙氨酸斜面培养基等。

吲哚试验中用的蛋白胨水培养基中宜选用色氨酸含量高的蛋白胨,如用胰蛋白酶水解酪素得到的蛋白胨较好。

(3)溶液或试剂　乙醚、吲哚试剂、氨试剂(奈氏试剂)、亚硝酸盐试剂(格里斯氏试剂)、10%三氯化铁溶液。

(4)器材　试管、接种环、酒精灯、锌粉等。

◎ 操作步骤

(一)吲哚试验

接种供试菌于蛋白胨水培养基中,空白对照管不接菌,做好标记,置37℃恒温箱中培养24～48 h。在培养液中加入乙醚1 mL充分振荡,使产生的吲哚溶于乙醚中,静置几分钟,待乙醚层浮于培养液上面时,沿管壁加入吲哚试剂10滴。如吲哚存在,则乙醚层呈玫瑰红色。

注意:加入吲哚试剂后不可再摇动,否则红色不明显。

(二)硫化氢产生试验

取供试菌接种于硫化氢微量发酵管,空白对照管不接菌,做好标记,置37℃恒温箱中培养24 h后。观察结果。培养液出现黑色为阳性反应,以"+"表示;无色为阴性,以"-"表示。

(三)产氨试验

以无菌操作分别接种供试菌于牛肉膏蛋白胨培养液试管中,空白对照管不接菌,做好标记,置37℃恒温箱中,培养24 h。取出以上试管,向培养液内各加入3～5滴氨试剂。培养液中出现黄色(或棕红色)沉淀者,为阳性反应(用"+"表示);不出现上述沉淀者,为阴性反应(用"-"表示)。

(四)硝酸盐还原试验

接种供试菌于硝酸盐还原试验培养基中,空白对照管不接菌,做好标记,置37℃恒温箱中,培养18～24 h。把对照管均分成两份,一份直接加入格里斯氏试剂,应不显红色;另一份加入少量锌粉,加热,再加入格里斯氏试剂,出现红色,说明培养基中存在着硝酸盐。把接种过的培养基也各均分成两份，其中一份加入格里斯氏试剂，如出现红色，则为硝酸盐还原阳性反应（用"＋"表示）。如不出现红色，则在另一份中加入少量锌粉，加热，再加入格里斯氏试剂，这时如果出现红色，则证明硝酸盐仍然存在，应为硝酸盐还原阴性反应（用"－"表示）；如仍不出现红色，则说明硝酸盐已被还原，应为硝酸盐还原阳性反应（用"＋"表示）。

（五）苯丙氨酸脱氨酶试验

将供试菌分别接种到苯丙氨酸斜面培养基上（接种量要大），置 37℃ 恒温箱中，培养 18～24 h。在培养好的菌种斜面上滴加 2～3 滴 10％ 的三氯化铁溶液，从培养物上方流到下方，呈现绿色的为阳性反应（用"＋"表示），否则为阴性反应（用"－"表示）。

◉ **结果分析**

将结果填入下表，"＋"表示阳性反应，"－"表示阴性反应。

项目	大肠杆菌	产气肠杆菌	普通变形菌
吲哚试验			
硫化氢产生试验			
产氨试验			
硝酸盐还原试验			
苯丙氨酸脱氨酶试验			

◉ **问题与思考**

（1）吲哚试验和硫化氢试验中，细菌各分解何种氨基酸？

（2）说明硝酸盐还原试验对细菌的生理意义。能进行硝酸盐还原反应的细菌是属于化能自养菌还是化能异养菌？它们进行有氧呼吸还是无氧呼吸还是发酵？细菌进行硝酸盐还原反应对农业会产生什么影响？

单元六　微生物的菌种保藏

◆◆◆　项目一　微生物的菌种保藏　◆◆◆

知识目标　了解菌种保藏的基本原理和优缺点,能根据菌种的特点选择相应的保藏方法。

能力目标　能按照要求采用不同方法进行菌种保藏操作。

◉ 必备知识

一、微生物遗传变异的特点

1. 繁殖快、易变异,利于自然选择和人工选择

微生物代谢作用旺盛,繁殖速度极快,生活史周转快,环境因素可在短期内重复影响其生长和繁殖,易发生变异,又能迅速产生大量后代,有利于自然选择和人工选择。

2. 体积小、表面积大,与外界环境直接接触

当环境条件变化剧烈时,大多数个体易死亡而淘汰,个别细胞则发生变异而适应环境。

3. 大多数无性繁殖,且多为单倍体,易获得纯系

大多数微生物均进行无性繁殖,且营养体多为单倍体,因而便于建立纯系及长期保存大量品系。

二、菌种的衰退

在微生物的基础研究和应用研究中,选育一株理想菌株是一件艰苦的工作,而要保持菌种的遗传稳定性更是困难。菌种的退化是一种潜在的威胁,因此引起微生物学研究人员的关注与重视。

(一)菌种衰退的现象

菌种衰退是指群体中退化细胞在数量上占一定数值后,表现出来菌种生产性能下降的现象。具体表现有以下几个方面。

1.形态上的变化

每一种微生物在一定的培养条件下都有一定的形态特征,如果典型特征逐渐减少,就表现为衰退。如泾阳链霉菌"5406"的菌落由原来的凸形变成了扇形、帽形或小山形;孢子丝由原来的螺旋形变成波曲形或直形,孢子从椭圆形变成圆形等。

2.生理上的变化

(1)生长速度缓慢,产孢越来越少　例如泾阳链霉菌5406的菌苔变薄,生长缓慢(半个月才长出菌落),不产生橘红色的孢子层,有时甚至只长些黄绿色的基内菌丝。

(2)代谢产物生长能力下降　例如,赤霉素生产菌产赤霉素能力下降,黑曲霉糖化能力下降,放线菌抗生素发酵单位下降等,这些衰变对生产是十分不利的。

(3)致病菌对宿主侵染能力下降　例如白僵菌或杀螟杆菌等对寄主致病能力的降低等。

(4)对外界不良环境的抵抗能力下降　如抗低温、高温或噬菌体侵染等能力的下降,例如抗噬菌体菌株变为敏感菌株等。

(二)菌种退化的原因

菌种衰退不是突然发生的,而是从量变到质变的逐步演变过程。开始时,在群体细胞中仅有个别细胞发生自然突变,不会使群体菌株性能发生改变。经过连续传代,群体中的负变个体达到一定数量,发展成优势群体,从而使整个群体表现为严重的衰退。导致这一现象的原因有以下几个方面。

1.基因突变

(1)基因的负突变　在DNA大量快速复制过程中出现的基因差错而导致的负突变。如果控制产量的基因发生负突变,则表现为产量下降;如果控制孢子生成的基因发生突变,则产生孢子的能力下降。

(2)表型延迟　表型延迟也会造成菌种衰退。例如在诱变育种过程中,经常会发生某菌株初筛时产量较高,进行复筛时产量却下降。

(3)质粒脱落　质粒脱落导致菌种衰退的情况在抗生素生产中较多,不少抗生素的合成是受质粒控制的。当菌株细胞由于自发突变或外界条件影响(如高温),致使控制产量的质粒脱落或者核内DNA和质粒复制不一致,即DNA复制速度超过质粒,经多次传代后,某些细胞中就不具有对产量起绝对作用的质粒,这类细胞数量不断提高达到优势,则菌种表现为衰退。

2.环境条件

不适宜的培养和保藏条件,如培养基的营养成分、环境温度、湿度、pH、氧气、诱变剂等也是加速菌种衰退的重要因素。

(三)防止菌种退化的方法

1.控制传代次数

即尽量避免不必要的移种和传代,把必要的传代降低到最低水平,以降低突变概率。微生物存在着自然突变,而突变都是在繁殖过程中发生或表现出来的。有人做过统计,DNA复制过程中,碱基发生差错的概率为5×10^{-4},自发突变率为$10^{-9} \sim 10^{-8}$,由此可以看出,菌种的传代次数越多,产生突变的概率就越高,因而菌种发生衰退的机会就越多。因此,在实际工作中应采用积极的菌种保藏方法,减少移种和传代。

2. 创造良好的培养条件

各种生产菌株对培养条件的要求和敏感性不同,培养条件要有利于生产菌株。如营养缺陷型生长菌株培养时应保证充分的营养成分,尤其是生长因子;对一些抗性菌株应在培养基中适当添加有关药物,抑制其他非抗性的野生菌生长。另外,应控制碳源、氮源、pH 和温度,避免出现对生产菌不利的环境,限制退化菌株在数量上的增加。例如,用菟丝子的种子汁液培养"鲁保一号"可以防止菌株退化,在赤霉素生产菌的培养基中加入糖蜜、天门冬氨酸、谷氨酰胺、5-核苷酸或甘露醇等丰富的营养物时,也有防止菌种退化的效果;此外,在栖土曲霉 3.942 的培养中,有人采用改变温度的措施,从 28~30℃提高到 33~34℃来防止产孢子能力的退化。

3. 利用不易退化的细胞进行接种传代

在育种即保藏过程中,应尽量使用孢子或单核菌株,避免对多核细胞进行处理。如放线菌和霉菌的菌丝细胞常含有许多核甚至是异核体,因此用菌丝接种就会出现不纯和衰退,而孢子一般是单核,没有这种显现。有人在实践中用灭过菌的棉团轻巧地对"5406"放线菌进行斜面移种就可避免接入菌丝,从而达到了防止衰退的效果;又如构巢曲霉的分生孢子传代易退化,而用它的子囊孢子移种则不易退化。

4. 采用有效的菌种保藏方法

在工业生产用的菌种中,主要的性状都属于数量性状,而这类性状恰是最容易衰退的。因此,有效的菌种保藏方法是防止菌种衰退的极其必要的措施。一般斜面保藏法只适用于短期保藏,而需要长期保藏的菌种,应采用沙土管保藏法、冷冻干燥保藏法及液氮保藏法等。对于比较重要的菌种,尽可能采用多种保藏方法。

三、菌种的复壮

从衰退的本质可以看出,整个菌群虽然已经衰退了,但其中还有一定数量尚未衰退的个体存在。

狭义的复壮是指在菌种已经发生衰退的情况下,通过纯种分离和测定典型性状、生产性能等指标,从已衰退的群体中筛选出少数尚未退化的个体,以达到恢复原菌株固有性状的相应措施。

广义的复壮是指在菌种的典型特征或生产性状尚未衰退前,就经常有意识地采取纯种分离和生产性状测定工作,以期菌种的性能保持稳定并逐步有所提高。

由此可见,狭义的复壮是一种消极的措施,而广义的复壮是一种积极的措施,也是一种利用自发突变(正突变)从生产中不断进行选种的工作,是目前工业生产中积极提倡的措施。

常用的菌种复壮方法以下 3 种。

1. 纯种分离法

通过纯种分离,可将衰退菌种细胞群体中一部分仍保持原有典型性状的单细胞分离出来,经过扩大培养,就可恢复原菌株的典型性状。常用的分离纯化方法可归纳成两类:一类是较粗放,只能达到"菌落纯"的水平,即从种的水平来说是纯的。例如,采用稀释平板法、涂布平板法、平板划线法等方法获得的单菌落。另一类是较精细的单细胞或单孢子分离方法。它可以达到"细胞纯"即"菌株纯"的水平。后一类方法应用较广,种类很多,既有简单的利用培养皿或凹玻片等作分离室的方法,也有利用复杂的显微镜操纵器的纯种分离方法。对于不长孢子的丝状菌,则可用无菌小刀切取菌落边缘的菌丝尖端进行分离移接,也可用无菌毛细管截取菌丝尖端单细胞进行纯种分离。

2.宿主体内复壮法

对于寄生性微生物衰退菌株,可通过接种到相应昆虫或动植物宿主体内来提高菌株的毒性。例如,经过长期人工培养的苏云金芽孢杆菌,会发生毒力减退、杀虫率降低等现象,这时可用衰退的菌株去感染菜青虫的幼虫,然后再从病死虫体内重新分离典型菌株。如此反复多次,就可以提高菌株的杀虫率。根瘤菌属经人工移接,结瘤固氮能力减退,将其回接到相应豆科宿主植物上,令其侵染结瘤,再从根瘤中分离出根瘤菌,其结瘤固氮性能就可恢复甚至提高。

3.淘汰法

利用衰退个体不耐不良环境的特点,将衰退菌种进行一定的处理(如药物、低温、高温等),往往可以起到淘汰已衰退个体而达到复壮的目的。如用低温法($-30 \sim -10\,℃$)处理泾阳链霉菌 5406 的分生孢子 $5 \sim 7$ d,使其死亡率达到 80%,结果发现在抗低温的存活个体中许多是未衰退的健壮个体。

四、菌种保藏

微生物菌种资源是自然科技资源的重要组成部分,是生物多样性的重要体现,也是微生物科学研究、教学及生物技术产业持续发展的基础,在国民经济建设中发挥重要作用。微生物菌种收集、整理、保藏是一项基础性、公益性工作,微生物的资源的收集和保藏具有重要意义,可以为科技工作者从事科研活动提供物质基础。

菌种保藏主要是根据菌种的生理生化特点,人工创造条件,使孢子或菌体的生长代谢活动尽量降低,以减少其变异。一般可通过保持培养基营养成分在最低水平、缺氧状态、干燥和低温,使菌种处于休眠状态,抑制其繁殖能力。

1.菌种保藏的目的

经诱变筛选、分离纯化以及纯培养等一系列艰苦工作得到的优良菌株,使其不死亡、不污染,尽可能地减少变异,防止原有的优良特性丧失,这就是菌种保藏的目的。

2.保藏原理

挑选典型菌种的优良纯种,最好采用它们的休眠体(如分生孢子、芽孢等),并且要创造一个低温、干燥、缺氧、避光、缺乏营养等的环境条件,使微生物处于代谢不活跃、生长繁殖受抑制的休眠状态。

3.菌种保藏的要求

①应针对保藏菌株确定适宜的保藏方法。

②同一菌株应选用 2 种或 2 种以上方法进行保藏。

③只能采用一种保藏方法的菌株或细胞株必须备份并存放于 2 个以上的保藏设备中。

④菌种保藏方法参照相应的标准操作规程。

⑤菌种的入库和出库应记录入档,实行双人负责制管理。

⑥重要菌种应异地保藏备份。

⑦高致病性病原微生物和专利菌种应由国家指定的保藏机构保藏。

⑧菌种保藏设施应确保正常运行,设专人负责管理,定期检修维护。

⑨菌种保藏设施应有备用电源,防止断电事故发生。

⑩保藏机构要定期检查菌种保藏效果,有污染或退化现象时,要及时分离纯化复壮。每次检查要有详细记录。

⑪废弃物的处置参照 GB 19489《实验室　生物安全通用要求》的有关规定执行。

4.菌种保藏的方法

菌种保藏的方法多样,采取哪种方式,要根据保藏的时间、微生物种类,同时还要考虑方法的通用性、操作的简便性和设备的普及性。这里我们主要介绍几种常用的保藏方法。

(1)低温保藏法　此方法最为简便,即把斜面菌种放入冰箱中,温度保持在 4～5℃,但此法不能保存太长时间,一般不超过 3 个月就需移种一次。有条件的话可放入液氮温度(－195℃)下,则保存时间更长。

(2)矿油保藏法　即用灭菌的石蜡注入斜面菌种,再用固体石蜡封口即可,也可用橡皮塞代替棉塞,塞紧试管口来隔绝空气。同时结合暗条件则更好(室温下即可)。

(3)冷冻干燥保藏法　①干燥保藏:将菌液接种于灭菌的沙土载体上,然后将其放入有干燥剂的大试管或干燥器内,则能较好地保藏菌种。②冷冻真空干燥保藏:将安瓿瓶内注入牛奶,接种菌种,再放到冷冻干燥装置上抽气,制成空管,则保藏效果更佳。

◉ 拓展知识

一、菌种保藏的管理程序

无论是生产单位还是菌种保藏机构,都必须对所保藏的菌种严格管理,以确保能随时提供优良菌种,满足生产和其他需要。

1.质量检验

对保藏一段时间的菌种,要分别对其残存率、纯度和生产能力进行检验,以确定保藏的效果。对于冷冻保藏菌种的检验,应在室温下解冻后进行。

(1)残存率　在保藏前和保藏一段时间后要采用平板菌落活菌计数法,以得出其残存率。

(2)纯度　在进行活菌计数的同时,要检查菌落形态。根据其形态变异的比例,来确定保藏前后的纯度变化。

(3)生产能力　对保藏前后的菌种按照相同接种量和发酵条件进行摇瓶实验,比较前后的生产能力。这项检查必须多次重复进行,然后得出分析结果。

2.菌种保藏信息项目

对于保藏的菌种,应当用防水永久墨水做标记,同时建立信息台账,其项目包括:①内部保藏号;②来源或相当的其他机构保藏号;③微生物学名;④存放日期;⑤已知的产物和产率;⑥病原性;⑦分离培养基及方法;⑧生长培养基、最适温度和 pH;⑨在一定培养基上的培养特征;⑩用途和保藏方法。

二、菌种保藏机构介绍

1979 年 7 月,我国成立了中国微生物菌种保藏管理委员会(CCCCM),委托中国科学院负责全国菌种保藏管理业务,并确定了与普通、农业、工业、医学、抗生素和兽医等微生物学有关的 6 个菌种保藏管理中心,从事应用微生物各学科的微生物菌种的收集、保藏、管理、供应和交流。

(一)中国微生物菌种保藏管理中心

1.普通微生物菌种保藏管理中心(CCGMC)

中国科学院微生物研究所,北京(AS):真菌、细菌。

中国科学院武汉病毒研究所,武汉(AS-IV):病毒。

2.农业微生物菌种保藏管理中心(ACCC)

中国农业科学院土壤肥料研究所,北京(ISF)。

3.工业微生物菌种保藏管理中心(CICC)

中国食品发酵工业科学研究所,北京(IFFI)。

4.医学微生物菌种保藏管理中心(CMCC)

中国医学科学院皮肤病研究所,南京(ID):真菌。

卫生部药品生物制品鉴定所,北京(NICPBP):细菌。

中国医学科学院病毒研究所,北京(IV):病毒。

5.抗生素菌种保藏管理中心(CACC)

中国医学科学院抗菌素研究所,北京(IA)和四川抗菌素工业研究所,成都(SIA):新抗生素菌种。

华北制药厂抗菌素研究所,石家庄(IANP):生产用抗生素菌种。

6.兽医微生物菌种保藏管理中心(CVCC)

农业部兽医药品监察所,北京(CIVBP)。

(二)国外著名菌种保藏管理中心

①美国标准菌种收藏所(ATCC),美国,马里兰州,罗克维尔市。

②冷泉港研究室(CSH),美国。

③国立卫生研究院(NIH),美国,马里兰州,贝塞斯迭。

④美国农业部北方开发利用研究部(NRRL),美国,皮奥里亚市。

⑤成斯康新大学,细菌学系(WB),美国,威斯康新州马迪孙。

⑥国立标准菌种收藏所(NCTC),英国,伦敦。

⑦英联邦真菌研究所(CMI),英国,丘(园)。

⑧荷兰真菌中心收藏所(CBS),荷兰,巴尔恩市。

⑨日本东京大学应用微生物研究所(IAM),日本,东京。

⑩发酵研究所(IFO),日本,大阪。

⑪日本北海道大学农业部(AHU),日长,北海道札幌市。

⑫科研化学有限公司(KCC),日本,东京。

⑬国立血清研究所(SSI),丹麦。

⑭世界卫生组织(WHO)。

任务一　微生物的菌种保藏

◎ 任务目标

了解菌种保藏的基本原理,学会各种菌种保藏的操作技术及适用范围。

◉ **实施条件**

(1)菌种　细菌、酵母菌、放线菌和霉菌斜面菌种。

(2)培养基　牛肉膏蛋白胨培养基、麦芽汁培养基、高氏Ⅰ号培养基、马铃薯蔗糖培养基、含 10% 甘油的液体培养基。

(3)试剂　液状石蜡、无菌水、P_2O_5 或 $CaCl_2$、10% HCl、甘油、河沙、瘦黄土(有机物含量少的黄土)。

(4)器材　无菌试管、无菌吸管、接种环、接种针、锥形瓶、甘油管、40 及 100 目筛子、干燥器、无菌打孔器、安瓿管、冰箱、超净工作台、恒温培养箱、高压蒸汽灭菌锅、液氮冰箱等。

◉ **操作步骤**

(一)斜面传代保藏

1. 接种

取各种无菌斜面试管数支,将写有菌株名称和接种日期的标签贴在试管斜面的正上方距试管口 2~3 cm 处。将待保藏的菌种用接种环以无菌操作法移接至相应的试管斜面上,细菌和酵母菌宜采用对数生长期的细胞,而放线菌和丝状真菌宜采用成熟的孢子。

2. 培养

细菌 37℃ 恒温培养 18~24 h,酵母菌于 28~30℃ 培养 36~60 h,放线菌和丝状真菌置于 28℃ 培养 4~7 d。

3. 保藏

斜面长好后,可直接放入 4℃ 冰箱保藏。为防止棉塞受潮长杂菌,管口棉花应用牛皮纸包扎,或换上无菌胶塞,亦可用熔化的固体石蜡熔封棉塞或胶塞。

保藏时间依微生物种类而不同,酵母菌、霉菌、放线菌及有芽孢的细菌可保存 2~6 个月,之后移种一次,而不产芽孢的细菌最好每月移种一次。此法的缺点是容易变异,污染杂菌的机会较多。

(二)穿刺保藏

1. 接种

方法是将培养基制成软琼脂(琼脂含量为斜面的 1/2,一般为 1%),盛入 1.2 cm×10 cm 的小试管内,高度为试管的 1/3。121℃ 高压灭菌后不制成斜面,用针形接种针将菌种穿刺接入培养基的 1/2 处,注意不要穿透底部。培养后的微生物在穿刺处及琼脂表面均可生长,然后覆盖以 2~3 mm 的无菌液状石蜡。

2. 培养

在适宜的温度下培养,使其充分生长。

3. 保藏

将培养好的菌种试管塞上橡皮塞或石蜡熔封后,置于 4℃ 冰箱保藏。

这种保藏方法一般用于保藏兼性厌氧细菌或酵母菌,保藏期在 0.5~1 年。

(三)液状石蜡保藏

1. 液状石蜡灭菌

在 250 mL 锥形瓶中装入 100 mL 液状石蜡,塞上棉塞,并用牛皮纸包扎,121℃ 湿热灭菌

30 min,然后于 40℃温箱中放置 14 d(或置于 105～110℃烘箱中 1 h),以除去石蜡中的水分,备用。

2.接种培养

同斜面传代保藏法。

3.加液状石蜡

用无菌滴管吸取液状石蜡以无菌操作加到已长好的菌种斜面上,加入量以高出斜面顶端 1～2 cm 为宜。

4.保藏

棉塞外包牛皮纸,将试管直立放置于 4℃冰箱中保存。

5.恢复培养

用接种环从液状石蜡下挑取少量菌种,在试管壁上轻靠几下,尽量使油滴净,再接种于新鲜培养基中培养。由于菌体表面粘有液状石蜡,生长较慢且有黏性,故一般需转接 2 次才能获得良好菌种。

利用这种保藏方法,霉菌、放线菌、有芽孢细菌可保藏 2 年,酵母菌可保藏 1～2 年,一般无芽孢细菌也可保藏 1 年左右。

(四)甘油管保藏

在液体的新鲜培养物中加入 15% 已灭菌的甘油,然后再置于-20 或-70℃冰箱中保藏。此法是利用甘油作为保护剂,甘油透入细胞后,能强烈降低细胞的脱水作用,而且在-20 或-70℃条件下,可大大降低细胞代谢水平,但却仍能维持生命活动状态,达到延长保藏时间的目的。此法可保藏 1～10 年。

1.甘油灭菌

在 100 mL 锥形瓶中装入 100 mL 甘油,塞上棉塞,并用牛皮纸包扎,121℃湿热灭菌 20 min。

2.接种

培养用接种环取一环菌种接种到新鲜的斜面培养基上,在适宜的温度条件下使其充分生长。

3.加无菌甘油

在培养好的斜面中注入 2～3 mL 无菌水,刮下斜面振荡,使细胞充分分散成均匀的悬浮液。用无菌吸管吸取上述菌悬液 1 mL 置于一甘油管中,再加入 0.8 mL 无菌甘油,振荡,使培养液与甘油充分混匀。

4.保藏

将甘油管置于-20℃冰箱中保存。

5.恢复培养

用接种环从甘油管中取一环甘油培养物,接种于新鲜培养基中恢复培养。由于菌种保藏时间长,生长代谢较慢,故一般需转接 2 次才能获得良好菌种。

利用这种保藏方法,一般可保藏 0.5～1 年。

(五)沙土管保藏

1.沙上处理

(1)沙处理　取河沙经 40 目过筛,去除大颗粒,加 10% HCl 浸泡(用量以浸没沙面为宜)

2~4 h(或煮沸 30 min),以除去有机杂质,然后倒去盐酸,用清水冲洗至中性,烘干或晒干,备用。

(2)土处理　取非耕作层瘦黄土(尽量不含有机质),加自来水浸泡洗涤数次,直至中性,然后烘干,粉碎,用 100 目过筛,去除粗颗粒后备用。

2. 装沙土管

将沙与土按 2:1、3:1 或 4:1(质量比)比例混合均匀装入试管(10 mm×100 mm)中,约 1 cm 高,加棉塞,并外包牛皮纸,121℃湿热灭菌 1 h,然后烘干。

3. 无菌试验

取少许沙土放入牛肉膏蛋白胨或麦芽汁培养液中,在最适温度下培养 2~4 d,确定无菌生长时才可使用。若发现有杂菌,经重新灭菌后再做无菌试验,直到合格。

4. 制备菌液

用 5 mL 无菌吸管吸取 3 mL 无菌水至待保藏的菌种斜面上,用接种环轻轻搅动,制成悬液。

5. 加样

用 1 mL 吸管吸取上述菌悬液 0.1~0.5 mL 加入沙土管中,用接种环拌匀。加入菌液量以湿润沙土达 2/3 高度为宜。

6. 干燥

将含菌的沙土管放入真空干燥器中,干燥器内用培养皿盛 P_2O_5 作为干燥剂,可再用真空泵连续抽气 3~4 h,加速干燥。将沙土管轻轻一拍,沙土呈分散状即达到充分干燥。

7. 保藏

沙土管可选择下列方法之一来保藏:①保存于干燥器中;②用石蜡封住棉塞后放入冰箱保存;③将沙土管取出,管口用火焰熔封后放入冰箱保存;④将沙土管装入有 $CaCl_2$ 等干燥剂的大试管中,塞上橡皮塞或木塞,再用石蜡封口,放入冰箱中或室温下保存。

8. 恢复培养

使用时挑少量混有孢子的沙土,接种于斜面培养基上或液体培养基内培养即可,原沙土管仍可继续保藏。

此法适用于保藏能产生芽孢的细菌及能形成孢子的霉菌和放线菌,可保存 2 年左右。但不能用于保藏营养细胞。

(六)液氮冷冻保藏

1. 准备安瓿管

用于液氮保藏的安瓿管要求能耐受温度突然变化而不致破裂,因此,需要采用硼硅酸盐玻璃制造的安瓿管,安瓿管的大小通常为 75 mm×10 mm。

2. 加保护剂与灭菌

保存细菌、酵母菌或霉菌孢子等容易分散的细胞时,则将空安瓿管塞上棉塞,1.05 kgf/cm²、121.3℃灭菌 15 min。若作为保存霉菌菌丝体用,则需在安瓿管内预先加入保护剂(如 10%甘油蒸馏水溶液或 10%二甲亚砜蒸馏水溶液),加入量以能浸没以后加入的菌落圆块为限,再用 1.05 kgf/cm²、121.3℃灭菌 15 min。

3. 接入菌种

将菌种用 10%的甘油蒸馏水溶液制成菌悬液,装入已灭菌的安瓿管;霉菌菌丝体则可用灭菌打孔器,从平板内切取菌落圆块,放入含有保护剂的安瓿管内,然后用火焰熔封。浸入水中检查有无漏洞。

4. 冻结

将已封口的安瓿管以每分钟下降1℃的慢速冻结至－30℃。若细胞急剧冷冻,则在细胞内会形成冰的结晶,因而降低存活率。

5. 保藏

经冻结至－30℃的安瓿管立即放入液氮冷冻保藏器的小圆筒内,然后再将小圆筒放入液氮保藏器内。液氮保藏器内为－150℃,液态氮内为－196℃。

6. 恢复培养

保藏的菌种需要用时,将安瓿管取出,立即放入38～40℃的水浴中进行急剧解冻,直到全部融化为止。再打开安瓿管,将内容物移入适宜的培养基上培养。

此法除适宜于一般微生物的保藏外,对一些用冷冻干燥法都难以保存的微生物(如支原体、衣原体、氢细菌、难以形成孢子的霉菌、噬菌体及动物细胞)均可长期保藏,而且性状不变异。缺点是需要特殊设备。

◉ 结果分析

(1)菌种保藏记录填入下表。

菌种名称	保藏编号	保藏方法	保藏日期	存放条件	经手人

(2)存活率检测结果填入下表。

菌种名称	保藏方法	保护剂	保藏时间/月	保藏前活菌数 /(个/mL)	保藏后活菌数 /(个/mL)	存活率/%

◉ 问题与思考

(1)根据以上结果,你认为哪些因素影响菌种的存活率?

(2)根据你自己的实验,谈谈各种菌种保藏方法的利弊。

单元七 微生物肥料

◉ 必备知识

一、微生物肥料的概念、特点

微生物肥料是一类含有活的微生物的特定制品,应用于农业生产中,能够获得特定的肥料效应。在这种效应的生产中,制品中的活的微生物起关键作用,符合上述定义的制品均应归入微生物肥料。

微生物肥料又称细菌肥料、生物肥料,有些国家称为接种剂或拌种剂。在我国,有些人将特殊效能的微生物(如根瘤菌、解钾细菌、解磷菌)经发酵技术生产扩大培养后与草炭等载体混合,且使用量很少的称为接种剂、拌种剂;而将微生物和有机物(畜禽粪便、草炭等)或微生物与无机肥料混合,经过加工制成的用于底肥、追肥,且使用量较大的称为微生物肥料。

微生物肥料具有以下特点:①含有一定数量的具有特定肥效功能的活菌;②能维持地力,改善土壤结构;③不污染环境,对人、畜和植物无毒害;④肥效缓慢、持久;⑤施用量小,成本低廉;⑥有些微生物肥料种类对作物有选择性;⑦施用效果常常受土壤环境条件影响;⑧肥料中的微生物对化学药物和射线敏感,不能与农药混合或同时施用,不能长时间暴露于日光下照射。

二、发展微生物肥料的必要性

第一,化肥使用量逐年增加,化肥利用率和增产效益下降(我国单位面积施用化肥量是日本的 2 倍,美国的 2.4 倍,加拿大的 4.4 倍,澳大利亚的 8.2 倍,俄罗斯的 9 倍。化肥利用率仅为 30%,而且应用化肥引起水质和环境污染);第二,土壤肥力下降,土壤退化荒漠化逐渐加剧;第三,土壤生态环境恶化,土壤生态功能下降;第四,我国化学肥料资源严重不足,这对农业的可持续发展构成了严重的挑战。

三、微生物肥料的主要功效与机理

(一)增加土壤肥力,促进植物对营养元素的吸收

提供氮、磷、钾大量元素营养;根瘤菌、自生和联合固氮菌可以固定氮元素;硅酸盐细菌有解磷和解钾作用。土壤中大量微生物的活动使土壤有机质转化形成腐殖质,促进土壤团粒结构的形成,提高土壤肥力,改善土壤理化形状,增强土壤保肥、保水能力,从而提高作物的产量和品质。

(二)分泌多种生理活性物质刺激调节植物生长

大量研究表明,微生物活动产生的植物生长调节物质以及维生素都不同程度地刺激和调节植物的生长。

(1)分泌植物激素　生长素、赤霉素、脱落酸、乙烯和酚类物质;

(2)产生酸类物质　有机酸。

(三)对有害微生物起到生物防治作用

通过在植物根际大量生长繁殖成为作物根际的优势菌,与病原微生物争夺营养物质,在空间上限制其他病原微生物的繁殖机会,对病原微生物起到挤压、抑制作用,从而减轻病害。这类微生物也叫做根圈促生细菌(PGPR)。

(四)产生抗病和抗逆作用,间接促进植物生长

(1)产生多种抗病物质　抗生素。

(2)提高植物的抗逆性　由于微生物肥料的施用,其所含的菌种能诱导作物产生超氧化物歧化酶,在植物受到病害、虫害、干旱、衰老等逆境时,消除因逆境而产生的自由基来提高作物的抗逆性,减轻病害。

四、微生物肥料的种类

微生物肥料种类很多,如果按其制品中特定的微生物种类可分为细菌肥料(如根瘤菌肥、固氮菌肥)、放线菌肥料(如抗生菌类)、真菌肥料(如菌根真菌)等;按其作用机理分有根瘤菌肥料、固氮菌肥料、解磷菌肥料、解钾菌肥料;按其制品微生物的形式分为单纯微生物肥料和复合(或复混)微生物肥料。复合(或复混)微生物肥料在当前生产中种类多,情况复杂,是需要清理、整顿和深入研究的一个品种。

五、微生物肥料生产工艺流程

微生物肥料生产工艺流程如图 7-1 所示。

◉ 拓展知识

一、微生物肥料国家标准和农业行业标准

1. 微生物肥料的国家标准

(1)GB/T 19524.1—2004《肥料中粪大肠菌群的测定》

(2)GB/T 19524.2—2004《肥料中蛔虫卵死亡率的测定》

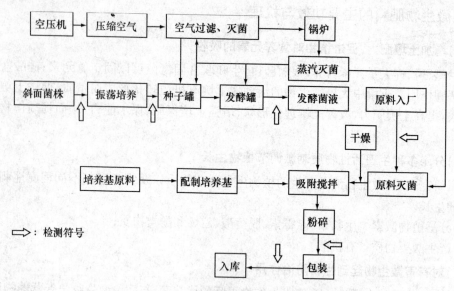

图 7-1 微生物肥料生产工艺流程

（3）GB 20287—2006《农用微生物菌剂》

2. 微生物肥料的农业行业标准

（1）NY 882—2004《硅酸盐细菌菌种》

（2）NY/T 883—2004《农用微生物菌剂生产技术规程》

（3）NY 884—2012《生物有机肥》

（4）NY 885—2004《农用微生物产品标识要求》

（5）NY/T 798—2004《复合微生物肥料》

（6）NY 1109—2006《微生物肥料生物安全通用技术准则》

（7）NY/T 1113—2006《微生物肥料术语》

（8）NY/T 1114—2006《微生物肥料实验用培养基技术条件》

（9）NY/T 1535—2007《肥料合理使用准则　微生物肥料》

（10）NY/T 1536—2007《微生物肥料田间试验技术规程及肥效评价指南》

二、微生物肥料技术指标

微生物肥料技术指标见表 7-1。

表 7-1　微生物肥料技术指标

项目	液体	固体	颗粒
1. 外观	无异臭味液体	黑褐色或褐色，粉状，湿润，松散	褐色颗粒
2. 有效活菌数			
根瘤菌肥料			
慢生型	≥5 亿/mL	≥1 亿/mL	≥1 亿/mL

续表 7-1

项目	液体	固体	颗粒
快生型	≥10亿/mL	≥2亿/mL	≥1亿/mL
固氮菌肥料	≥5亿/mL	≥1亿/mL	≥1亿/mL
硅酸盐细菌肥料	≥10亿/mL	≥2亿/mL	≥1亿/mL
磷细菌肥料	≥5亿/mL	≥1亿/mL	≥1亿/mL
有机磷细菌	≥10亿/mL	≥3亿/mL	≥2亿/mL
无机磷细菌	≥15亿/mL	≥2亿/mL	≥1亿/mL
复合微生物肥料			
3. 水分		20%～35%	≤10%
4. 细度		粒径0.18 mm≥20%	粒径2.5～4.5 mm≥25%
5. 有机质		≥20%	≥25%
6. pH	5.5～7.5	6.0～7.5	6.0～7.5
7. 杂菌数	≤5%	≤15%	≤20%
8. 有效期	不得低于6个月	不得低于6个月	不得低于6个月

在产品表明的失效期前有效活菌数应符合指标要求,出厂时产品有效活菌数需高出本指标30%。

◆◆◆ 项目一　根瘤菌肥料生产 ◆◆◆

　　根瘤菌肥料中的功能微生物是根瘤菌,包括快生型根瘤菌和慢生型根瘤菌。根瘤菌侵染豆科植物根系形成根瘤,根瘤中的根瘤菌菌体利用豆科植物提供的碳源和能源进行固氮作用,将空气中的氮气还原为氨,为植物提供氮素营养。这类肥料研究的最深,应用最早,接种效果最稳定。我国常用的品种有:大豆根瘤菌肥、花生根瘤菌肥、紫云英根瘤菌肥、苕子根瘤菌肥、苜蓿根瘤菌肥、三叶草根瘤菌肥等。根瘤菌肥料在我国农业和牧草生产中发挥了重要作用。例如:紫云英根瘤菌在未种植过紫云英的"新区"应用,产量成倍增加,"老区"接种也可获得10%～20%的增产。大豆接种根瘤菌肥料每公顷可增产15～20 kg,而且大豆品质有明显改善。三叶草等豆科牧草根瘤菌肥料的应用,对我国飞播牧草,改良退化草场起了关键性的作用。

┌───┐
　知识目标　了解根瘤菌肥料的概况、生产工艺和施用方法。
　能力目标　掌握根瘤菌肥料的生产工艺及操作要点,能按国家行业标准生产常见的根瘤
　　　　　　菌肥料。
└───┘

◉ 生产工艺

　　1. 菌种准备

　　(1)斜面种子菌活化　菌种常在低温下保藏,处于生理代谢不活跃期。因此,使用前应进

行活化。方法是:取低温保存的菌种,接种于 YEM 斜面培养基上,28℃培养至菌苔丰厚即可使用。种子菌活化后,应立即使用。

YEM 培养基配方为:甘露醇 10 g、酵母粉 0.5 g、磷酸氢二钾 0.5 g、硫酸镁 0.2 g、氯化钠 0.1 g、琼脂 15～18 g(液体培养基不加琼脂)、蒸馏水 1 000 mL,pH 为 7.0～7.2,在 0.1 MPa 下灭菌 30 min。

(2)菌种纯度检查 菌种纯度是保证菌肥质量的关键,在生产用种前,一定要严格检查菌种纯度。可用 2 种方法同时进行。一种方法是进行革兰氏染色,根瘤菌应是革兰氏阴性的小杆菌,有时呈环节状,但无芽孢;另一种方法是挑取菌种一环,接种于牛肉汁培养基中,28～30℃培养 16～24 h,若培养液变浑浊,说明菌种不纯,需进行纯化至无杂菌存在。

牛肉汁培养基配方:牛肉膏 3 g、蒸馏水 100 mL,pH 为 7.0～7.2,在 0.1 MPa 下灭菌 30 min。

(3)菌种的扩大培养 将活化的纯菌种从斜面试管转入三角瓶中,培养基为 YEM 液体,液体量为三角瓶体积的 1/4。置 28℃恒温摇床培养至对数生长期。检查纯度,如符合要求再进一步进行种子扩大培养。种子扩大培养可用三角瓶,也可用小型种子罐,依其生产量和设备条件而定。用种量的标准为:接种后培养液的含菌数每毫升不少于 5 000 万个。

2.菌液发酵

将种子按一定比例接种于盛有灭菌的 YEM 液体培养基的血清瓶或发酵罐中,通入经多级过滤的无菌空气进行培养。培养室温度控制在(28±1)℃。培养好的发酵液内每毫升含菌数应达到 30 亿个。无杂菌污染。

3.菌剂制作

为了保证活菌数和便于运输,根瘤菌肥料常采用固体菌剂,即将发酵好的菌液吸附在质地疏松、无毒副作用的有机或有机-无机载体上。常用的吸附剂有泥炭、蛭石或泥炭(80%)+烟囱灰(20%)。这里仅介绍泥炭菌剂的制作方法。

(1)吸附剂准备 将泥炭风干磨细,过 60～80 目筛,按下列配方配制吸附剂:泥炭 100 kg、过磷酸钙 50 g、蔗糖 200 g、0.5%硼酸 10 mL、0.5%钼酸钠 10 mL,并使含水量为 20%。充分拌匀后,用塑料袋分装,每袋 500 g,密封后在 0.15 MPa 下灭菌 2 h。

(2)拌菌 根据每克成品中含活菌数 2 亿以上和含水量 35%～40% 的指标,用注射器将一定量的菌液注入装有灭菌的吸附剂的塑料袋中,用胶带密封注射处,避免污染与失水。要求尽量拌匀。

(3)成品标识 按国家商标法和质量标准有关规定,贴上产品标识,或直接印制在包装袋上,考虑产品的特殊性,应特别注明使用范围、施用方法及注意事项。成品存放在低温、阴凉处。

4.根瘤菌肥料生产中防止杂菌污染的措施

①保证种子无杂菌。

②培养基及器皿灭菌要彻底。

③空气过滤系统要定期灭菌。

④接种应在酒精灯火焰范围内操作。

◎ 施用方法

根瘤菌肥料一般以拌种方式施用。拌种前,先清水浸种,然后加入肥料拌种,要求拌匀,不流失,不擦伤。为了使菌剂黏附在种子表面,常加入冷米汤或白糖水增加黏性。拌种应在阴蔽处进行,避免阳光照射。播种后,应尽快覆土。切勿与农药混用。菌肥施用量为 $1/15 \ hm^2$(每亩)500 g,大种子可适当增加用量。

◆◆ 项目二 固氮菌肥料生产 ◆◆

固氮菌肥料是含有好气性的自生固氮菌或联合固氮菌的微生物制剂,这些微生物能利用空气中的氮气作为氮源,合成氨,供给植物氮素营养。有些种类的固氮菌还能分泌生长刺激素促进植物生长。

知识目标 了解固氮菌肥料的概况、生产工艺和施用方法。
能力目标 掌握固氮菌肥料的生产工艺及操作要点,能按国家行业标准生产常见的固氮菌肥料。

◎ 生产工艺

固氮菌肥料的生产可采用根瘤菌肥料的生产工艺(参见本单元项目一)。培养基常用改良的阿须贝无氮培养基,配方为:葡萄糖(或蔗糖、甘露醇)10.0 g、磷酸氢二钾 0.2 g、氯化钠 0.2 g、硫酸镁 0.2 g、硫酸钾 0.2 g、碳酸钙 5.0 g、琼脂 15～18 g(液体培养基不加)、蒸馏水 1 000 mL,pH 为 6.8～7.8。

有研究证明,用纤维废弃物(麦秸、玉米秸)为原料,采用高压蒸汽爆碎工艺对秸秆进行预处理,经纤维素酶酶解糖化,生产固氮菌肥料是一条可行的途径。我国农作物秸秆资源丰富,每年有 5 亿 t 左右,大部分未得到有效利用,造成环境污染。因此,采用农作物秸秆为原料,生产固氮菌肥,兼具有经济和环境效益,值得进一步试验和推广。

◎ 施用方法

圆褐固氮菌剂一般可用于各种作物。联合固氮菌菌剂对作物有较强的选择性,在不同的作物上使用需选择相应的联合固氮菌剂。因此,根据不同作物不同条件,施用的方法也不尽相同,大致可分为以下几种。

①一般较简单的使用方法是拌种,将固氮菌剂加少量清水与种子拌匀后即可施用。

②为了使固氮菌能很好地在根附近定居下来,对于棉花、玉米、小麦等大田作物,可先将 $1/15 \ hm^2$(每亩)用的菌剂与过磷酸钙 15～25 g、草木灰 50 g 左右、水 1.5～2.5 kg、10～20 kg 细碎干土或筛过的圈粪及堆肥拌匀,成为潮湿的小土团,与种子沟施到土中。

③马铃薯、甘薯等作物,可将菌剂掺入耕作土壤,均匀的散在薯块上或薯苗旁,菌剂加清水

少许,搅匀蘸薯苗根用。

④在水稻上使用,可在插秧时将菌剂掺水蘸秧根用。蔬菜和烟草等秧畦每百株应用 50～100 g 菌剂拌种施用。定植移苗时,可以用小土团法,把菌剂施于苗根部附近。

⑤用作追肥时,可用小土团法,把菌剂与粪肥、饼肥混合施于植株附近,但不能与大量化学肥料直接混合。可先用粪肥混合后施于土中,然后再施化学肥料。

◆◆◆ 项目三　钾细菌肥料生产 ◆◆◆

钾细菌肥料又称生物钾肥,是由人工选育的优良硅酸盐细菌经过工业发酵而成的一种微生物肥料,其主要有效成分是活的硅酸盐细菌。硅酸盐细菌能分解土壤中的正长石等硅酸盐矿物和磷灰石,释放出有效磷和有效钾,供植物吸收利用。因此,开发利用钾细菌肥料对于缓解我国钾肥供求矛盾,改善土壤大面积缺钾状况,促进农业增产和改善农产品品质有重要作用。

> 知识目标　了解钾细菌肥料的概况、生产工艺和施用方法。
>
> 能力目标　掌握钾细菌肥料的生产工艺及操作要点,能按国家行业标准生产常见的钾细菌肥料。

◉ 生产工艺

钾细菌肥料的生产工艺可采用根瘤菌肥料的生产工艺(参见本单元项目一)。培养基配方为:蔗糖 5 g、磷酸氢二钠 2 g、七水硫酸镁 0.5 g、三氯化铁 0.005 g、碳酸钙 0.1 g、钾长石粉 0.5～1 g、琼脂粉 15 g～20 g、蒸馏水 1 000 mL,pH 为 7.0～7.5。

◉ 施用方法

钾细菌肥料应根据不同农作物的生长发育特点和种植栽培特点而采用不同方法施用,钾细菌肥料一般采用局部接种,即菌体细胞在种子或作物根系周围发生作用。拌种、蘸根、穴施等都是局部接种的施用技术。

1. 拌种

棉花、花生、玉米、小麦、水稻等作物均可采用拌种方法,菌剂用量每公顷施 0.5～0.75 kg。具体方法是:将 0.5 kg 菌剂加水 250 mL 化开,加入种子拌匀(在室内或棚内),使每粒种子都粘上菌剂,稍加阴干即可播种。

2. 穴施

甘薯、烤烟、西瓜、西红柿、草莓、茄子、辣椒等,移栽前穴施钾细菌肥料。菌剂每亩(1 亩=1/15 hm²)用量 1～2 kg,混合细肥土 10～20 kg,施于穴中与土壤混匀,然后移栽幼苗或插秧。

3. 蘸根

甘薯、水稻等作物移栽(或插秧)时蘸秧根施用,即用 0.5 kg 菌剂加水 15～20 kg 混匀后,蘸秧根移栽或插秧。

4. 沟地

果树施用钾细菌肥料,一般在秋末(10月下旬至11月上旬)或(早春2月下旬至3月上旬),根据树冠大小,距树身1.5～2.5 m处,环树挖沟(深宽各15 cm),用菌剂1.5～2 kg混细肥土15～20 kg,把混匀后的菌剂施于沟内然后覆土即可。

5. 种肥

芝麻、油菜、甜菜等作物,其种子较少,可把菌剂与种子混合后同时播种。

6. 追肥

有的作物也可将钾细菌肥料用作追肥施用。主要方法是按1/15 hm²(每亩)用菌剂1～2 kg加水50～100 kg混匀后,进行灌根。如西瓜、茄子、黄瓜、青椒、西红柿等蔬菜作物,也有显著的增产效果。

◆◆◆ 项目四 磷细菌肥料生产 ◆◆◆

磷是植物养分三要素之一。土壤中所含的速效磷一般不能满足作物的需要,施用磷肥和提高土壤中磷的可给性,是农业生产上的一项重要措施。土壤中通常有较多的磷存在于难溶性的有机物和无机物中,不能直接被植物吸收利用。如何将这部分无效磷转变成有效磷形态呢?研究发现,土壤中有多种微生物具有分解有机磷和无机磷化合物的能力。一类是转化无机态的无效磷为有效磷的无机磷细菌,其作用机理是细菌生命活动中产生的酸溶解磷作用,使矿物释放出有效态磷。已证明有溶磷作用的无机磷细菌有假单胞菌、硅酸盐细菌和氧化硫杆菌。另一类是转化有机态的无效磷为有效磷的有机磷细菌,这类细菌通过产生的酶分解含磷有机物,研究和应用最多的是巨大芽孢杆菌。筛选溶磷能力强和适应土壤生态环境的菌株,按一定生产工艺制成的菌剂就成为磷细菌肥料。将这种肥料施入到土中,能增加土壤中有效磷的含量,从而减少化学磷肥的施用量。

> 知识目标 了解磷细菌肥料的概况、生产工艺和施用方法。
> 能力目标 掌握磷细菌肥料的生产工艺及操作要点,能按国家行业标准生产常见的磷细菌肥料。

◉ 生产工艺

磷细菌肥料的生产工艺可采用根瘤菌肥料的生产工艺(参见本单元项目一)。培养基配方为:玉米糖化液150 g、红糖20 g、蜂蜜5 g、蚕茧粉5 g、卵磷脂0.2 g、磷酸二氢钾2 g、碳酸钙2 g、硫酸镁0.2 g、硫酸亚铁0.001 g、硫酸锰0.000 5 g、复合维生素0.001 g。

其中,玉米糖化液的制备方法为:称取粉碎成80目的玉米粉1 500 g,加入3 000 g水中,升温65℃,加入糖化酶,保温糖化3～5 h,至糖化液中滴加碘液不显蓝色为终点。糖化完全后过滤得糖化液。

◉ 施用方法

微生物肥料的施用方法一般采用拌种法。对于移栽作物,宜用蘸根法。1/15 hm²(每亩)用量不宜少于3 000 亿~5 000 亿个活菌。磷细菌肥料只能部分的解决作物所需的磷素养料,应酌情施用化学磷肥。为了保证活菌数量,在使用和保存中要避免日晒、过干、过热。不能与杀菌剂农药同时施用。

◉ 拓展知识

复合微生物肥料

复合微生物肥料大致分为 2 类:一类为菌+菌的复合(混合),含有 2 种或 2 种以上的功能微生物,如在根瘤菌肥料中加入钾细菌、磷细菌或菌根真菌,能同时改善植物氮、磷、钾素营养,但菌种之间不能发生拮抗作用。另一类为菌+营养物质(或其他物质)的复合,添加的营养物质有大量元素、微量元素、稀土元素和一些生长刺激素等。在这类复合微生物肥料中,应注意添加的营养物质或其他增效剂是否影响微生物的存活,如果没有一定数量的活菌存在,就不能成为微生物肥料了。

以有机废弃物为载体,生产具有高效固氮、解磷、解钾、防病等多种功能的复合微生物肥料,既解决了有机废弃物对环境的污染问题,又发挥了肥效作用。这类肥料目前市场上已有产品出售,但技术不成熟,效果较差,值得进一步研究与开发。

◉ 问题与思考

(1)微生物肥料的种类是怎样划分的?
(2)如何合理使用微生物肥料?
(3)微生物肥料的生产工艺流程是什么?
(4)设计一个适合当地的具有可持续发展理念的微生物肥料的生产品种,并提出可行性生产建议。

单元八　微生物农药

知识目标　了解微生物农药的概况,掌握典型产品的生产工艺和使用方法。

能力目标　掌握微生物农药典型产品的生产工艺及操作要点,能按国家行业标准生产常见的微生物农药。

◉ 必备知识

一、微生物农药概念、种类与特点

(一)微生物农药的概念

微生物农药是利用微生物或其产物来防治植物病虫害和杂草危害的一种微生物制剂,是通过筛选的昆虫病原体或病菌拮抗微生物,用人工方法培养、收集、提取而制成的。当这些病原体和拮抗微生物或其代谢产物为昆虫吞食、接触或病菌感染后,通过微生物的活动、毒素的作用而使害虫和病菌新陈代谢受影响,破坏其机体器官,影响其发育繁殖或变态,从而达到灭虫防病的目的。

(二)微生物农药的种类

根据来源,微生物农药又可分为活体微生物农药和农用抗生素两大类。活体微生物农药是指能使有害生物致病的病原微生物活体直接作为农药。杀虫、杀螨及鼠活体微生物农药品种有苏云金杆菌、青虫菌、乳状芽孢杆菌、球状芽孢杆菌、白僵菌、绿僵菌、拟青霉素类、多毛菌、座壳孢菌类、核多角体病毒、颗粒体病毒、质多角体病毒、C型肉毒梭菌外毒素、线虫类;杀菌活体微生物农药品种有地衣芽孢杆菌、蜡状芽孢杆菌、假单孢菌、枯草芽孢杆菌、木霉菌、菇类蛋白多糖;具除草和植物生长调节活性的活体微生物农药品种有黑腐病菌、克芽孢杆菌。农用抗生素系由细菌、真菌和放线菌等微生物在发酵过程中所产生的次级代谢产物。杀虫农用抗生素品种有阿维菌素、浏阳霉素、华光霉素、桔霉素、多杀菌素、菌虫霉素、虫螨霉素、敌贝特;杀菌农用抗生素品种有灭瘟素、放线菌酮、春雷霉素、多抗生素、井冈霉素、公主岭霉素、宁南霉素、农抗120、武夷霉素、梧宁霉素、中生霉素、胶霉素、夜枯散、抗霉素A、米多霉素、多马霉素、抗腐菌素、多肽霉素、新生霉素、蝇菌霉素、毛霉素、黑星素、杀枯肽、磷氮霉素、金核霉素、灰黄霉素、氯霉素、土霉素、链霉素、农霉素等;除草和植物生长调节农用抗生素品种有双丙胺膦、赤霉素、比洛尼素等。

根据用途或防治对象不同,则可分微生物杀虫剂、微生物杀菌剂、微生物杀鼠剂、微生物除草剂、微生物植物生长调节剂等。

按微生物或其代谢产物的种类分,目前国际上使用的微生物农药主要有下面几种。

1. 细菌杀虫剂

目前国内外使用的细菌杀虫剂不多,产品也仅有十几种,主要是苏云金杆菌菌株的各个变种,它们都是能产生伴胞晶体的芽孢杆菌。其他的还有日本金龟子杆菌和蜡状芽孢杆菌。根据目前研究,苏云金杆菌能产生毒素,当害虫吞食了粘上该菌的作物后,主要是通过"胃肠毒"作用,使害虫致病死亡。虽然外毒素有触杀作用,但毒力不高,所以通常对啮口器式鳞翅目幼虫防效较高,对刺吸口器害虫防效甚微,甚至是无效的。

2. 真菌杀虫剂

应用真菌治虫始于19世纪,目前已发现750种以上的真菌是昆虫致病菌,但国际上广泛应用的只有属半知菌类中的球孢白僵菌。这类菌主要通过接触感染使昆虫致病而死亡。所以除对一般啮口器式害虫有效外,对刺吸式口器害虫像蚜虫、螨类、蚧类等也有效。但白僵菌对害虫有一定程度的专一性,而且对光、湿度、温度很敏感。使用时,除了要求菌剂质量优良外,还要考虑各种环境因素。

3. 病毒杀菌剂

1969年法国从烟草花叶病毒中分离提纯一个变种,其制剂喷施番茄,能抵抗花叶病毒侵染番茄。我国1978年以来20多个省市推广应用烟草花叶病毒弱疫苗N14防治由烟草花叶病毒引起的番茄病毒病达几千公顷。我国组建黄瓜花叶病毒生物防治剂卫星S51和S52获得成功,并在世界上首次应用S51防治黄瓜花叶病毒引起的青椒病毒病。这是一项生物工程技术在病毒病领域的应用。

4. 农用抗生素

从20世纪30年代开始,植物病理学家就开始利用抗生菌的次级代谢产物来防治农作物病害或调节作物的生长发育。近20多年来发展迅速,其中以我国和日本发展最快。农用抗生素是微生物农药应用的一个主要方面。国内目前应用面积最大的是防治水稻纹枯病的井冈霉素,其次以防治谷子黑穗病、苹果腐烂病为主的内疗素,以及防治稻瘟病和小麦白粉病的庆丰霉素。近年来农用抗生素120可防治多种作物真菌病害,又有明显刺激作物生长及早熟的作用,颇受重视。

5. 微生物除草剂

这是近十几年发展起来的一种生物农药,日本和我国研究较多。1976年,日本筛选了新农抗除草素A和B,具有选择性除草和防治水稻白叶枯病的双重性能。我国山东省农业科学院植物保护研究所在1963年筛选的"鲁保一号"微生物制剂,能有效地防治大豆菟丝子的危害。

(三)微生物农药的特点

与化学农药防治害虫相比,有以下特点:①对脊椎动物和人类无害;②对植物无毒害;③能保护害虫天敌;④昆虫不易产生抗药性;⑤有自然传播感病的能力;⑥容易进行大量生产。

◉ 拓展知识

微生物农药的产业格局、市场趋势和机遇分析。

微生物农药拥有众多优点,具有良好的发展潜力和市场前景,但它也存在着自身的弱点,简要概括起来主要有几点：①产品专一性强，防治病虫害的范围窄；②与化学农药用量少、见效快的特点相比，生物农药的效力发挥缓慢，防治效果不易迅速显现；③产品质量稳定性较差，使用技能要求高；④药效易受环境的影响和干扰，防治效果不够稳定；⑤产品不易长期保存，货架寿命短；⑥产品价格偏高，施用成本高。由于生物农药的上述缺陷，加以无公害农产品认证制度和农药市场监管机制的不完善，从而使生物农药市场发展缓慢、步履艰难。因此，生物农药行业发展历程将不会一帆风顺，市场的发展与壮大需要一个长期的积累过程。

近十余年来，尽管我国微生物农药已有了很大的发展和进步，但化学农药、微生物农药和转基因植物相辅相成的市场格局在可以预见的短时期内还将继续存在，且化学农药在一定时期内仍将占市场主导地位。目前生物农药在整个农药行业中的比重还较小，但发展生物农药已成为一种趋势和方向。纵观全球微生物农药市场，北美和西欧的环保规则继续对微生物农药工业产生着深远的影响，北美和西欧的生物农药市场仍占据全球最大的市场份额（约占70%）。然而，严格的环保要求和越来越高的农药产品准入门槛也在逐步影响发展中国家的农药产业格局，如中国、巴西和印度等，这些地区的经济发展、技术进步和环保意识的提高将激发其农药工业的重要转型，促进产品更新换代和产品质量的提高，这些国家和地区的市场存在巨大商机和发展前景，必将成为成长性最好的微生物农药市场。

我国政府在逐步建立和健全与微生物农药相关的政策和法规，与农药应用和使用有关的标准和要求也在逐渐规范，行业协会和有关机构也在积极制定微生物农药行业的标准和规范，微生物农药产业市场和资本市场也在发展壮大。随着环保意识的日益增强，现代高新技术在农业生产应用领域及农药开发研究领域的渗透与应用，微生物农药行业将进入高速发展时期。当前，我国农业正进入一个从传统农业向高效优质、可持续发展的现代农业转变的新时期，特别是进入 WTO 以后我国农业还面临日趋激烈的国际竞争，微生物农药的研究和应用在 21 世纪之初必将迎来一个前所未有的历史机遇，发展前景十分广阔。

◆◆◆ 项目一　苏云金芽孢杆菌制剂生产 ◆◆◆

苏云金杆菌制剂是一种细菌杀虫剂，是由昆虫病原细菌苏云金杆菌的发酵产物加工而成的制剂，它是目前细菌杀虫剂中一项最重要的产品。

苏云金杆菌是一种革兰氏染色阳性、杆状，能形成内生芽孢的细菌。营养体周生鞭毛或无鞭毛。营养体生长到一定阶段进入芽孢囊期。成熟的芽孢着生于细胞的一端。同时，在细胞的另一端则形成容易着色的伴胞晶体：伴胞晶体有 1 个、2 个或多个，形态也不尽相同。

芽孢成熟后，芽孢囊破裂，释放出游离的芽孢和伴胞晶体。苏云金芽孢杆菌的形态和大小，往往依菌株的特性、培养基和培养条件的差异而不同。芽孢能抵抗高温、干燥、化学药物的影响。伴胞晶体是一种蛋白质，由一种或多种多肽组成，形态有菱形、长菱形、方形、圆形，或椭圆形、镶嵌形、无定形和三角形等。大多数菌株的伴胞晶体对敏感昆虫有特异的毒杀作用。

苏云金杆菌的代谢产物主要有伴胞晶体、苏云金素和几丁质酶。伴胞晶体是苏云金杆菌在形成芽孢的同时产生的一种蛋白质物质，对敏感昆虫有毒害作用。苏云金素是一种由苏云金杆菌产生的热稳定外毒素，也称 β-外毒素，对昆虫有毒性。该毒素不同于苏云金杆菌伴胞晶体,它不是蛋白质物质,而是一种小分子的ATP类似物。苏云金杆菌的一些菌株还能分泌几丁质酶。几丁质酶能提高苏云金杆菌制剂对昆虫的防治效果,并能提高低温时的杀虫作用。

知识目标　了解苏云金杆菌制剂的概况,生产工艺和使用方法。
能力目标　掌握苏云金杆菌制剂的生产工艺及操作要点,能按国家行业标准生产常见的苏云金杆菌制剂。

任务一　苏云金芽孢杆菌制剂简易生产法(网盘薄层一步发酵法)

◎ 生产工艺流程

苏云金杆菌优质菌粉(100亿个活芽孢/g以上)→网盘薄层固体发酵→干燥→粉碎→包装→成品。

◎ 生产过程

购买含菌量在100亿个活芽孢/g以上、毒力高而无杂菌污染的优质工业菌粉。

1. 发酵器材

(1)网盘　根据苏云金杆菌对空气的要求,发酵盘底采用金属丝做成,盘长52 cm,宽35 cm,高5 cm,每盘可装培养基750 g,厚度为2.5 cm,这样可以提高苏云金杆菌对空气的利用,从而使发酵物的含菌量和毒力提高。

(2)培养架　培养架采用角钢做成,每个培养架共分9层,每层可放5个发酵盘,每层间隔20 cm。如果通气条件差,可以去掉4层,使每层之间的距离为40 cm,以增加通气。这种培养架的优点是可以充分利用空间,提高产量,经久耐用,培养架可以拆开,随时装卸。

2. 培养基

用于苏云金杆菌固体发酵的原材料主要有麦麸、米糠、玉米粉、蚕豆粉、黄豆饼粉、黄豆杆粉、花生饼粉、棉籽饼粉、绿肥茎秆粉、草炭粉、豆渣、蚕蛹粉、面条煮水、粉厂下脚水等。用于疏松通气的材料有谷壳、锯末、肥土、细河沙、玉米芯、高粱秆、玉米秆、麦草以及多空珍珠岩等。原料的种类、培养基配方不同,产生的毒力也有明显差异。因此,针对苏云金杆菌某一亚种或某一菌株,在采取新配方大规模生产之前,应做毒效试验。选择单位重量培养物毒力最高的培养基用于扩大生产。

将作为营养成分的原材料粉碎过筛。用于通气疏松的茎秆切成0.2~0.5 cm长的小块。所有原材料准备好后,将干培养基成分混合均匀,按比例泼上石灰水,边泼边翻,混匀培养料,调节pH至9~10。培养料含水量以捏之成团,触之即散为宜。培养料配制好后,根据网盘的大小和上料的厚度,用双层纱布定量分装包好。

3. 培养基的灭菌和消毒

上述分装好的培养料在高压灭菌锅中灭菌(0.1 MPa,121℃)1 h,或土灭菌锅或蒸笼100℃灭菌2~3 h。消毒时,切不可把料包堆压过紧,需留出一些空隙,使蒸汽在蒸笼内循环,达到彻底灭菌的效果。

4.接种

接种量为干培养基的 0.5%～1%,接种后的培养料每克含活芽孢 0.5 亿～1 亿个。

5.培养及管理

苏云金杆菌的固体发酵可分为 4 个阶段。第 1 阶段为发酵初期(6～10 h)。接种后料温逐步下降到接近于室温,再回升到略高于室温,这一阶段芽孢萌发为营养体并开始分裂。这一时期的关键是保温、保湿。室温应控制在 30℃左右,空气相对湿度应控制在 80%～90%,以促进芽孢萌发,防止污染。第 2 阶段为发酵高峰(10～24 h)。此时营养体进入对数生长期,菌数成倍增长,放出大量热,料温升高,可达 34℃以上,pH 开始上升。若控温不好,料温可达 35℃以上,这一时期的关键是降温、保湿、控制料温在 32℃以内,以免菌体降低毒力。第 3 阶段为稳定期(24～34 h)。培养料温度逐渐下降,持续 10～16 h,这一时期菌数增长缓慢,并趋于稳定,菌体形成芽孢,pH 继续上升,增至 8.5 左右。此时应保持室温在 28～32℃,空气相对湿度降到 30%以内。第 4 阶段为成熟期(34 h 以后)。培养料温度与室温一致,pH 保持恒定。这时期的关键是升温,控制料温在 35℃左右,并增大通气,促进菌体迅速老熟。经 40～70 h,约 20%以上的芽孢晶体脱落后,即可终止培养。如果发酵条件控制得好,一般成品含菌数可达每克 150 亿～200 亿个。

任务二　苏云金芽孢杆菌制剂工业生产法

◎ 生产工艺流程

沙土菌种→茄瓶斜面→种子罐→发酵罐→发酵液→填充料(碳酸钙、硫酸铝)→板框压滤机(弃滤液)→滤饼→调浆罐→菌浆展着剂→喷雾干燥→烘干→研碎→菌粉→质量检测→成品包装。

◎ 生产过程

1.菌种

通常是以沙土管保存的,因在低温干燥及营养缺乏的情况下孢子呈休眠状态,可以长时间保藏,又便于随时使用,还可以避免传代过多引起菌种退化。

(1)沙土管菌种的制备　取细沙用稀盐酸处理、洗净、烘干,再用磁铁吸去带磁性的金属微粒,用 250 μm 筛孔过筛。再取有机质含量少的土壤研细,用 125 μm 筛孔过筛。沙与土按 3:1 混合均匀,分装于小试管中,每管装量 2 g(或直接装入 2 g 沙),塞上纱布棉塞,湿热灭菌(0.15 MPa,1 h)二次或干热灭菌(160℃,2 h)一次,经无菌检查合格后备用。

沙土孢子的制作:选虫体复壮或分离筛选并经摇瓶培养检验合格的斜面菌种 1 支,加无菌水 4～5 mL,用接种环轻轻刮下菌苔接入,即为高浓度的孢子悬液。用无菌吸管吸取菌液 0.2 mL 至灭菌后的沙土管中,至真空干燥器内(装有 $CaCl_2$ 或 P_2O_5),用真空泵抽干,用石蜡封管口,放入冰箱保存,供生产用。

(2)茄瓶斜面菌种　①培养基制备。用牛肉膏蛋白胨琼脂培养基,每茄瓶装 50 mL,经 0.11～0.12 MPa 灭菌 30 min,待温度降至 50℃左右,将瓶放置斜面,放在 32℃下培养 24～48 h,如无杂菌污染可进行接种。②菌种质量检查。用肉眼观察斜面长满白灰色丰满的菌苔,无杂菌,无噬菌斑。染色制片显微镜观察 15%以上菌体的芽孢晶体脱落,芽孢菌体形态正常。

合格者至冰箱保存备用。但保存时间最好不超过 10 d。

2. 发酵

(1)种子罐培养基配方(任选一种)

配方一:花生饼粉 0.6%、葡萄糖 0.12%、糊精 0.12%、蛋白胨 0.03%、硫酸镁 0.03%、硫酸铵 0.03%,pH 为 7.6。

配方二:豆饼粉 0.7%、玉米浆 2.0%、油 0.3%,pH 为 7.0~7.2。

配方三:花生豆粉 0.5%、玉米浆 0.5%、葡萄糖 0.2%,pH 为 7.1~7.4。按 0.1%加入甘油聚醚作消泡剂,50 L 种子罐投料 30 L。

配方四:玉米浆 0.8%、黄豆饼粉 0.1%,灭菌前 pH 为 7.5~7.6,灭菌后 pH 为 6.8~7.2。

(2)发酵罐培养基配方(任选一种)

配方一:花生饼粉 2%、过磷酸钙 0.2%、糊精 1.25%、蛋白胨 0.1%、硫酸镁 0.05%、硫酸铵 0.1%、碳酸钙 0.1%、花生油 0.03%,pH 为 7.6。

配方二:豆饼粉 1.5%、玉米浆 3.0%、碳酸钙 0.5%、硫酸铵 0.2%、硫酸镁 0.03%、植物油 0.1%,pH 为 7.0~7.2。

配方三:豆饼粉 1.5%、鱼粉 0.5%、碳酸钙 0.1%、硫酸镁 0.2%、磷酸二氢钾 0.1%、葡萄糖 1.0%,pH 为 7.2~7.4。

(3)灭菌 为了保证各管路的蒸汽压力,锅炉的总蒸汽压应达到 0.4~0.45 MPa。

管路灭菌:所有管路、阀门通入蒸汽灭菌 1 h(采用流通蒸汽应维持蒸汽压 0.2~0.3 MPa)。

发酵罐(种子罐)及培养基灭菌:先于夹层(或罐内冷却管道)通入蒸汽,使培养基预热至 90℃左右,直接通入蒸汽,保持罐内压力为 0.1~0.12 MPa(温度为 120~126℃),时间 30~40 min,然后关闭蒸汽,并用无菌空气放压,使发酵罐罐压始终保持在 0.1 MPa,同时夹层通入冷水,使培养基迅速冷却至 30~35℃,备用。

加料罐(油罐)灭菌:油罐贮油量一般不超过总体积的 1/2,灭菌时先于夹层通蒸汽使油温达到 100℃左右,然后通入蒸汽,压力保持在 0.15~0.2 MPa(130℃),时间 1 h,再放出蒸汽,并用无菌空气补压,冷却至 30~35℃后,备用。

(4)接种 种子罐接种一般采用茄瓶或摇瓶接种,茄瓶接种先用无菌水做成菌液,然后将棉塞换成灭菌橡皮塞,并与种子罐接口接通(无菌操作)。再将无菌空气输入种子罐逐步上升到 0.15 MPa,然后逐步排气,降压过程中,将菌液吸入种子罐。

采用发酵罐接种:当种子罐内的菌种进入生长旺盛期(对数期)时,经检查合格作为种子,通过无菌管道输入发酵罐。

(5)发酵条件控制

罐温:种子罐和发酵罐中温度的变化,可通过罐壁插孔放置的温度计进行测量,通过在夹层或罐内冷却管中通入蒸汽或冷水来调节,要求温度控制在 28~35℃。

罐压:一般种子罐保持罐压 0.05 MPa,发酵罐为 0.03~0.05 MPa。

搅拌:种子罐搅拌转速为 250~300 r/min,发酵罐为 185 r/min。

空气流通:一般种子期搅拌速度快,通风量小 1:(0.5~0.8)对种子发育有利,进入大罐后,减低搅拌速度,再加大通风量(1:1)。容量为 1 t 的发酵罐,配用 1 m³/min 的空气压缩机,即可达到 1:(0.5~1)的通气量。

抽样检查:每小时取样一次,主要测定 pH 以及涂片、染色、镜检菌体发育及有无杂菌污染,在种子罐移种前和大罐成熟期或必要时计菌数。发现菌态异常或菌数骤减的现象,应做平板培养,检查噬菌体。

培养周期:种子罐培养周期一般为 8~10 h,当培养液 pH 降到最低时开始回升,菌数骤然大量增加,菌体涂片,细胞质着色性变强,此时种子菌已达到生长旺盛期。如无污染,即可用以接种。

大罐培养的周期为 16~24 h,当发酵罐内含菌数不再增加,并略有下降,大部分菌体已形成孢子囊,而其中 20%左右的芽孢晶体开始脱落时,停止培养。

3. 产品处理

(1)加填充料 将发酵菌液通过物料管压入储存罐,加入一定量轻质碳酸钙作填充剂,搅拌 30 min。

(2)板框压滤机过滤 0.2 MPa 压力,将物料由贮存罐压入板框,通过 7 号滤布过滤,如有浑浊现象,可适当降低压力,以不浑浊为宜,滤液含菌数不应超过每毫克 0.3 亿个,否则回收率太低。

(3)打浆 过滤后,将滤液饼刮入打浆地下罐,按加入碳酸钙量的 8%加入浓乳 100 号,再加适量滤液搅拌 30 min。

(4)喷雾干燥 在喷雾干燥塔的进口温度达 140℃时,将菌浆喷雾干燥,喷嘴流量为 400~500 L/h,使中层温度保持在 65~75℃或在 60℃以下的烘房内通风干燥。

(5)粉碎、混合、包装 将旋风分离器内的菌粉与喷雾干燥塔底的菌粉和经粉碎后黏附在塔壁的菌粉混合装袋,并取样进行质量检查。

◉ 使用方法

①根据产品说明兑水稀释喷雾,也可进行大面积飞机喷洒,或与低剂量的化学杀虫剂混用以提高防治效果。

②使用时需在气温 18℃以上,宜傍晚施药,可发挥其杀虫最佳效果。

③对家蚕、蓖麻蚕毒性大,不能在桑园及养蚕场所附近使用。

④不能与杀菌剂混用,应避光、阴凉、干燥保藏。

⑤随配随用,从稀释到使用,一般不要超过 2 h。

◆◆◆ 项目二 白僵菌制剂生产 ◆◆◆

在昆虫真菌病害中由白僵菌引起的病害约占 21%。白僵菌可用作防治玉米螟、大豆食心虫、松毛虫等农林害虫,均能收到良好的效果。

白僵菌的土法生产通常采用三级固体发酵。第一级培养,即斜面培养;第二级培养是用三角瓶或罐头瓶培养,以麦麸为培养基,高压灭菌、接种斜面菌种,在 25~28℃下培养 7~10 d 即可长出白色粉状孢子,供三级培养基接种用;第三级培养也要控制杂菌污染。

近年来研究出用无菌锯木覆盖法曲盘式开放培养白僵菌的方法,该法通气性好,菌丝生长旺盛,可缩短培养时期,还能使培养料保持一定的温湿度,使白僵菌生长有一个良好的环境条件,培养的菌剂质量高,孢子多。有些地方还采用了通风发酵培养法、塑料袋培养法、泥罐培养法等。此外,也可采用液体深层发酵工业生产。下面介绍土法生产。

> 知识目标　了解白僵菌制剂的概况、生产工艺和使用方法。
> 能力目标　掌握白僵菌制剂的生产工艺及操作要点,能按国家行业标准生产常见的白僵菌制剂。

◎ 生产工艺流程

引进菌株→斜面培养→二级固体→三级固体扩大培养→干燥→粉碎过筛→成品包装。

◎ 生产过程

1. 斜面菌种培养基

用马铃薯培养基进行接种培养,在 25~28℃下培养 3~5 d,即得布满绒粉状白色孢子的斜面菌种。若出现菌丝生长慢,孢子不匀或不长孢子,或菌苔变薄等,都是退化现象,需另进行分离或变换培养基复壮。

2. 二级菌剂培养

二级菌剂培养包括液体菌剂和固体菌剂。液体菌剂接种效果比固体菌剂接种效果好,但培养液体菌剂要有振荡或无菌通气设备。

(1)液体培养基　用 1:1 淘米水加 1% 的糖,装瓶消毒后接种。在 24~26℃下振荡培养 72 h,菌液黏稠、镜检无杂菌污染即可使用。

(2)固体菌剂配方　碎大米 95%、谷粒 5%、料:水=1:0.7,混匀,装进 500 mL 玻璃瓶,每瓶装 50 g,牛皮纸或报纸封口,0.1~0.15 MPa 灭菌 1 h,趁热摇散,移入接种室放冷。每支试管种接 5~6 个玻璃瓶,摇匀,24~28℃培养,24 h 出现菌丝白点,若不均匀可再摇一次。72 h 后菌丝茂盛,翻瓶,5~7 d 后白色孢子布满全瓶,呈白粉状,并分泌透明无色水珠。若水珠浑浊,则是细菌污染,不能使用。

3. 三级扩大培养

(1)培养料配方　米碎 50%、统糠 45%、谷壳 5%,料:水=1:(0.7~0.8)。

(2)培养——塑料袋及浅盘法　料水混匀后,每袋装湿料 500 g,常压消毒 4 h,装袋时不可挤压过紧。灭菌后冷却至室温,每袋倒入 20 mL 菌液,充分混匀。22~25℃培养 1~2 d 后,倒出置于净浅盘或竹筛上,28℃培养至整块料呈白粉状,45℃烘干。

◎ 使用方法

①防治森林害虫,目前在生产防治上,主要采取地面或飞机喷洒白僵菌制剂的方式进行施药。也可在雨季从林间采集森林叶部害虫活幼虫集中撒上白僵菌原菌粉,或配成含量为 5 亿个孢子/mL 的菌液,采活虫在菌液中蘸一下再放回树上任其自由爬行。这些带菌虫死后,长出很多分生孢子,即形成许多白僵菌流行点,逐步促成林间害虫白僵病流行。

②菌粉用水溶液稀释配成菌液,每毫升菌液含活孢子 1 亿个以上。用菌液在蔬菜上喷雾。

③菌粉与 2.5% 敌百虫粉均匀混合,每克混合粉含活孢子 1 亿个以上,在蔬菜上喷粉。

④养蚕区不宜使用。

⑤菌液配好后要于 2 h 内用完,以免过早萌发而失去侵染能力,颗粒剂也应随用随拌。不能与化学杀菌剂混用。贮存在阴凉干燥处。

⑥人体接触过多有时会产生过敏性反应,出现低烧、皮肤刺痒等,施用时注意皮肤的防护。

⑦白僵菌与低剂量化学农药(25%对硫磷微胶囊、48%乐斯本等)混用有明显的增效作用。

⑧白僵菌需要有适宜的温湿度(24~28℃,相对湿度90%左右,土壤含水量5%以上)才能使害虫致病,害虫感染白僵菌死亡的速度缓慢,经 4~6 d 后才死亡。

◆◆ 项目三 庆丰霉素制剂生产 ◆◆

庆丰霉素是新农用抗生素。与春雷霉素相比,它具有利用原料广、生长快、产量高、不易污染、不用油、后处理较易等优点。它除了对稻瘟病和小麦白粉病疗效较好外,还对水稻小球菌核病、白叶枯病有一定疗效。近年来又发现它对茶蚜、豆蚜、花生蚜等害虫也有效果,是一个很有发展前途的病、虫兼用抗生素。庆丰霉素生产工艺简单,成功率高,一般微生物厂都可生产。

> 知识目标 了解庆丰霉素制剂的概况、生产工艺和使用方法。
> 能力目标 掌握庆丰霉素制剂的生产工艺及操作要点,能按国家行业标准生产常见的庆丰霉素制剂。

◉ 生产工艺流程

斜面菌种→米饭孢子→固体发酵→干燥粉碎包装→成品。

◉ 生产过程

1. 斜面菌种生产

培养基:黄豆饼粉 10 g、淀粉 10 g、氯化钠 0.3 g、硫酸镁 0.05 g、碳酸钙 0.2 g、磷酸氢二钾 0.1 g、蔗糠 10 g、琼脂 20 g、水 1 000 mL,pH 为 7.5。如果水质硬度过大,应先煮沸后才能使用(下同),否则发酵不良。

接种后置 28~30℃培养 1 d,斜面即出现白色气生菌丝,3 d 后逐渐变鼠灰,最后变深灰,孢子浓密均匀,即可使用。由于菌种易退化,所以要妥善保藏。

2. 米饭种子培养

大米:水＝1:0.7,若能加入1%的蔗糖效果更好,浸渍 2 h 后蒸熟后加入 10% 的稻壳、5% 的草木灰,混合后装入细口瓶,每瓶 50 g,0.15 MPa 灭菌 1 h,接种后置 28℃培养 5 d 左右,培养料产生大量深灰色孢子,分泌大量微黄露珠,如果露珠浑浊则是细菌污染,不能使用。

3. 固体发酵

庆丰链霉菌的培养料来源广,很多农副产品都可用来生产庆丰霉素。用禾谷粉、统糠为原料生产庆丰霉素,成本低,原料丰富,操作容易。配方:禾谷粉(或统糠或麦麸)65%岩底米碎35%、草木灰2.5%,加入1%的庶糖效果更好。料:水=1:(0.7~0.8),用石灰调pH为7.5~8.0。发酵容器可用广口瓶、塑料袋、细口瓶3种。每瓶装至3/5为度,擦干净瓶口,包扎上牛皮纸即可灭菌。若用塑料袋做发酵容器,每袋装湿料300 g。筒口用牛皮纸包扎,0.15 MPa灭菌1 h,趁热摇散,立即置于无菌室在紫外灯下放冷,至不烫手时即可接种。用接种匙铲取1~2匙迅速接入,每瓶米饭种子可接50瓶,接种后立即摇匀,送入保温室培养。28~30℃培养7 d后翻瓶(袋),继续培养14 d,培养料布满灰色孢子,气味霉香,分泌清晰微黄水珠于瓶底,用手打瓶时,可见瓶中形成浓密深灰色孢子雾,若粘连发臭则培养失败。

◉ 使用方法

一般用菌液喷洒法。按产品说明书兑水稀释,可与酸性农药、激素合用,同时要加少量洗衣粉作黏着剂增加药效。

◆◆◆ 项目四 "鲁保一号"除草剂生产 ◆◆◆

"鲁保一号"是我国山东省农业科学院植物保护研究所于1963年在济南从罹病的大豆菟丝子上分离获得的一种专性寄生性病原菌——胶孢炭疽菌菟丝子专化型(*Colletotrichum gloeosporioides* f. sp. *cuscutae*)。该菌对大豆田的中国菟丝子及南方菟丝子均可侵染致病,经在江苏、山东、宁夏等20多个省区的大面积推广,防效均在85%以上,截至1992年,推广面积已达61.8万 hm²,经济效益显著。后来,针对该菌菌种的退化现象,专家们通过大量分析研究,在阐明退化原因的基础上分离获得了在菌落特征、孢子形态、孢子大小、产孢量及对寄主毒力等方面均相对稳定的单孢变异株S_{22}。S_{22}在生产过程中性状稳定、产孢量高,生产效益显著。

目前,采用小规模的固体发酵生产工艺进行工厂化生产,已摸索出了一套简易可行的生产规程及产品质量检查制度,稳定了生产,提高了质量,菌剂中每克的含孢量稳定在20亿~25亿个。但由于生产厂家少、生产规模小且成本高、产品制剂单一、应用技术尚不十分完善等问题严重地制约了该制剂向标准化、商品化、大规模化的发展。

> 知识目标 了解"鲁保一号"除草剂的概况、生产工艺和使用方法。
> 能力目标 掌握"鲁保一号"除草剂的生产工艺及操作要点,能按国家行业标准生产常见的白僵菌制剂。

◉ 生产工艺流程

斜面菌种→二级种子扩大培养(液体或固体)→三级团体发酵→干燥→成品。

◎ 生产过程

1. 斜面菌种

配方一：马铃薯、蔗糖、琼脂培养基，pH 为 7.0。

配方二：马铃薯、蔗糖、菟丝子种子 10% 培养基，pH 为 7.0。

以上配方任选一种，装入试管，于 0.12 MPa 灭菌 30 min，经无菌检查后接种，在 25~28℃ 恒温箱内培养 2~4 d，斜面长满橙黄色至橘红色孢子，检查无杂菌即可备用。

2. 二级种子扩大培养

(1) 液体种子培养　培养基配方：花生（或黄豆）饼粉 3%、淀粉 3%、玉米浆 2%、硫酸铵 1%、碳酸钙 0.4%、水 98%。先将花生（或黄豆）饼粉、玉米浆放入锅中加水煮沸再加入其余养料，溶化后装入三角瓶（装量约 1/5），高压灭菌（0.15 MPa）1 h 接种（斜面菌种加无菌水 10 mL），每支斜面菌种悬液可接三角瓶 5~6 瓶，放在摇床上，25~28℃ 下振荡培养 2~3 d，培养液呈橘红色，含菌量为每毫升 3 亿~6 亿个，即可三级固体发酵使用。

(2) 固体种子培养　培养基配方：麦麸 80%、豆饼粉 10%、玉米面 6%~8%、硫酸铵 1%、氢氧化钠 0.5%。以上原料拌匀后加水，加水量为干料的 0.8~1 倍，装罐头瓶，装量约 1/3，瓶口用纱布垫（中间夹棉花），纱布外用牛皮纸包扎，在压力 0.15 MPa 下灭菌 1 h，灭菌后趁热摇动瓶中料数次，使料松散，冷却至 30℃ 左右接种（将斜面菌种加入 10 mL 无菌水制成菌悬液），用无菌玻璃棒将原料拌匀，置 25~28℃ 恒温下培养 4~6 d（每天摇动一次）待长满橙黄色的孢子时抽样检查，每克含孢子数在 5 亿个以上，且无杂菌者为合格。

3. 三级固体发酵

(1) 培养基（任选一种）

配方一：麦麸 80%、豆饼粉 5%、玉米面 5%、谷壳 10%。

配方二：麦麸 90%、甘薯面 5%、玉米面 5%。

配方三：细米糠 40%、麦麸 40%、甘薯面 10%、玉米面 10%。

将原料混匀加水至手捏成团、触之即散为宜，装入布袋，放入高压锅压力为 0.15 MPa 灭菌 1 h，灭菌后冷却至 30℃ 左右，在无菌室接种，将布袋灭菌料分别倒至曲盘中（经灭菌的），用无菌竹片铺平，接种量按固体、液体菌种分别计算，若用固体菌种，接种量按原料干重的 5%~10%，若用液体菌种，接种量为 20%~30%，拌匀后将料摊平，厚度为 2~3 cm，盖上无菌报纸（塑料薄膜）在温室培养。

(2) 培养管理

温度：培养室的温度要控制在 25℃ 为好，使料温保持在 25~27℃ 为宜。

水分：接种 2 d 后应在曲盘表面喷无菌水（或冷开水），每天 2~3 次，若盖塑料薄膜还要抖水，温度超过 28℃ 时开窗通风降温，减少水分。

扣盘：当料温超过 27℃，每天应扣盘 2 次，有利于曲料疏松，提高通气性。

防止污染：出现料面有霉菌污染，立即排除，用酒精棉球擦长过杂菌的地方。

干燥保存：产品风干（含水量 10%）后，存于阴凉干燥处。

◎ 使用方法

一般用菌液喷洒法。使用前，先将菌剂装在双层纱布袋里，加清水搓洗几遍，将孢子洗下，然后加水稀释,每毫升稀释菌液含 2 000 万~3 000 万个活孢子,进行喷洒。菌剂的加水倍数应由每克菌剂的孢子数和发芽率决定,即:加水倍数＝每克菌剂活孢子数÷使用浓度。

◉ 问题与思考

(1)什么是微生物农药? 微生物农药的种类有哪些?

(2)工业生产法生产苏云金芽孢杆菌制剂的工艺过程及操作要点有哪些?

(3)土法生产白僵菌的工艺过程及操作要点是什么?

(4)设计一个适合当地的具有可持续发展理念的微生物农药的生产品种,并提出可行性生产建议。

单元九 微生物饲料

知识目标　了解微生物饲料的概况,掌握典型产品的生产工艺。

能力目标　掌握微生物饲料典型产品的生产工艺及操作要点,能按国家行业标准生产常见的微生物饲料。

◉ 必备知识

要发展畜牧业,必须要有充足的饲料,饲料问题解决不好,畜牧业生产就上不去。据科学测算,我国每年产 4 亿~5 亿 t 农作物秸秆,如果把其中的 20% 通过微生物发酵变成饲料,则可获得相当于 4 000 万 t 的饲料用粮,相当于目前全国每年饲料用粮的 1/2。直接作为饲料喂养畜禽用的微生物菌体或微生物代谢产物称为微生物饲料;通过微生物的同化异化作用,改善粗饲料品质,也属微生物饲料的范畴。微生物饲料种类有菌体蛋白饲料、发酵饲料、青贮饲料等。

一、单细胞蛋白(SCP)饲料

1. 单细胞蛋白饲料的概念和优点

单细胞生物产生的细胞蛋白质,称为单细胞蛋白。由单细胞生物个体组成的蛋白质含量较高的饲料,称为单细胞蛋白饲料。

单细胞蛋白饲料所以被人们重视,并将可能成为今后畜禽饲料的来源之一是由于微生物本身的一些经济生物学特性所决定的。首先,这些微生物细胞含有丰富的蛋白质(其中各种必需氨基酸的含量与牛奶相近)、脂肪、维生素等畜禽所必需的营养物质,而且又是无毒的;其次,它们的食性广、生长繁殖快,可以利用多种工、农业副产品或其他有机废弃物作为培养原料,在适宜的环境下,一般每几十分钟到几小时就可以繁殖一代,合成蛋白质的速度比植物快 500倍,比动物快 2 500 倍;最后,培养这些微生物的条件很容易满足和控制,要求常温常压、弱酸弱碱即可,而且没有污染环境的危险,可以工厂化一年四季生产,不受土地、气候的限制。因此,单细胞蛋白饲料的研究和应用具有宽广的前景。

2. 生产单细胞蛋白的原料

单细胞蛋白生产的目的有 2 个:一是把糖质原料转变成蛋白质,提高基质中蛋白质含量。二是让微生物利用废液、废渣等人们无法直接利用的物质,变废为宝。因此,用于单细胞蛋白生产的原料大致包括以下 5 类。

（1）糖质原料　如淀粉或纤维素的酸水解液、亚硫酸纸浆废液、糖蜜等。

（2）石油原料　如柴油、正烷烃、天然气等。

（3）石油化工产物　如醋酸、甲醇、乙醇等。

（4）无极其体类　如氢气、二氧化碳、一氧化碳等。

（5）有机工业废水　如含糖废水、含有机、无机质废水等。

3. 生产单细胞蛋白的微生物

目前生产单细胞蛋白的微生物主要有酵母菌及部分担子菌,细菌和藻类等近年来也正在研究。近 10 年来开始应用一种藻体巨大的螺旋蓝藻作为单细胞蛋白饲料。表 9-1 列出了作为生产单细胞蛋白的具有代表性的微生物。

表 9-1　用于生产单细胞蛋白的代表性微生物种类

菌种	学名	碳源
产朊假丝酵母（食用圆酵母）	*Candida utilis*	纸浆废液、木材
食用球拟酵母	*Tarulopsis utilis*	糖化液
产朊假丝酵母较大变种	*Candida utilis* var. *mayoo*	糖蜜
日本假丝酵母	*Mycotorula japonica*	纸浆废液
产朊假丝酵母噬热酵母	*Candida utilis* var. *thermopila*	糖蜜
脆壁酵母	*Saccharmyces fragilis*	乳糖
细红酵母	*Rhodotorula gracilis* C	糖液
脂肪酵母	*Lipomyces* sp.	糖液
热带假丝酵母	*Candida tropicalis*	石油
解脂假丝酵母	*Candida lipolytica*	石油
野生食	*Agaricus camprstris*	糖液
粉粒小球藻	*Chlorella pyrenoidosa*	CO_2、太阳能
普通小球藻	*Chlorella vulgaris*	CO_2、太阳能
极大螺旋藻	*Spirulina maxima*	CO_2、太阳能
螺菌	*Spirillium* sp.	CO_2、太阳能

二、微生物发酵饲料

1. 微生物发酵饲料的概念

利用微生物的发酵作用把各种青、粗饲料加工成酸甜软熟香、有效营养高、适口性好、利于保存的饲料,称为发酵饲料。发酵饲料制作方法主要有种曲发酵法和无曲发酵法 2 种。种曲发酵是通过接种人工培养的曲种,使饲料中的物质进行转化,如纤维素酶解饲料。无曲发酵法是不接种"曲子",借助控制条件,使饲料中的某些有益微生物得以大量生长繁殖,达到饲料发酵的目的,如青贮饲料。

2. 参与生产发酵饲料的微生物

粗饲料通过微生物的发酵调制即成为发酵饲料。发酵饲料的种类概括起来主要有纤维素酶解饲料、人工瘤胃发酵饲料(亦称瘤胃液接种发酵饲料)和担子菌发酵饲料。参与这几种饲料发酵的微生物有霉菌、细菌、担子菌等。

霉菌中分解纤维素能力强的有黑曲霉、烟曲霉、里斯木霉、绿色木霉、康氏木霉等;细菌如产琥珀酸拟杆菌、溶纤维丁酸弧菌、梭菌、瘤胃球菌等。它们存在于瘤胃中,分解粗纤维能力强;担子菌如小皮伞菌,各种食、药用菌等,具有很强的分解粗纤维、合成菌体蛋白的能力。

三、微生态制剂

1. 微生态制剂概念和作用方式

微生态制剂又名活菌剂或生菌剂。这是一个较为综合的概念,它是指动物体内正常的有益微生物经特殊工艺而制成的活菌制剂。与之相近的一个更为通俗的概念是"饲用微生物添加剂"。

各种微生态制剂虽然各自具体作用有所不同,但其基本原理都为活菌进入动物消化道后进行繁殖,排除有害菌并促使有益菌的繁殖生长生成一些物质。其作用方式如下。

(1)生成乳酸 乳酸杆菌和链球菌产生乳酸,而酸化作用可提高日粮养分利用率。这是对某些特殊状态的动物,尤其是新生家畜发挥作用的一个重要方面。

(2)产生过氧化氢 某些活菌(如芽孢杆菌)在一些基质中可生成过氧化氢,它对几种潜在的病原微生物有损害作用。

(3)生成抗生素 某些乳酸杆菌和链球菌可产生嗜酸菌素、乳糖菌素和乳酸菌素等,这些抗菌性物质通过改变肠道内活菌的数量和代谢而发挥作用。

(4)生成酶 微生态制剂产生消化酶,它们在消化道中和动物体内共同作用。这也可能是微生态制剂对动物具有非特异性免疫的原因之一。

(5)合成B族维生素 已经证明,微生态制剂在肠道内代谢时能产生几种B族维生素。

(6)对肠道微生物的直接竞争和定居部位竞争 微生态制剂可竞争性抑制病原微生物吸附或定居于肠道,或占据病原微生物的附着部位,阻止其直接吸附在肠道细胞上。

(7)改变肠道微生物区系 在非有益微生物区系建立之前,给新生动物添加有益微生物,有助于动物建立正常微生物区系,排除或控制潜在的病原体。

(8)防止毒性胺和氨的形成 微生态制剂加入后,加强了肠内有益微生物的种群优势,使大肠杆菌的活动受抑制,扭转了蛋白质转化为胺和氨的倾向,从而使粪便和尿液中氨浓度下降,具有除臭功能。

(9)刺激免疫系统 已确证,口服乳酸菌能提高干扰素和巨噬细胞的活性。

2. 饲用效果

有关微生态制剂的饲用效果国内外报道较多,总的来说都是正效应,具有提高增重速度,改善饲粮转化率,防病治病,降低死亡率,最终提高经济效益的作用。至于使用效果变化幅度大,主要是由于生产和贮藏中质量控制措施不得力,如产品含有的活细胞少,或含有的微生物种类与标签所列不同等。

◎ 拓展知识

利用微生物加工和调制饲料具有物理和化学方法所不可替代的优势,这是由微生物本身的特点所决定的。归纳起来微生物发酵饲料具有以下5大优势。

1. 原料来源广泛

据统计,目前已发现的微生物种类多达 10 万种以上,而且不同种的微生物具有不同的代谢方式,能够分解各种各样的有机物质。因此,利用微生物发酵生产饲料具有原料来源广的优点。能够用来生产微生物饲料的废弃物包括:工、农、林、水、渔等产业的各种有机废水、废渣甚至城市垃圾和粪便;矿物质资源,主要为石油、天然气及由它们衍生出的副产物,如甲醇、乙醇、醋酸、甲烷等;纤维素资源,包括各种农作物秸秆、糠秕、木屑、蔗渣、薯渣、甜菜渣等,这些都是自然界最丰富的物质;糖类资源,如甘薯、木薯、马铃薯等淀粉类物质和废糖蜜等。同时,利用微生物不同的代谢方式可以生产菌体蛋白、酶制剂、饲用抗生素、有机酸、氨基酸等,还可以进行秸秆微贮发酵、青贮饲料、糖化饲料、饼粕类脱毒发酵、畜禽粪便发酵除臭和作为猪饲料、动物屠宰残渣发酵饲料(血粉发酵饲料)、酵母饲料、石油蛋白饲料、微型藻类生产和光合细菌培养等。

2. 投资少、效能高

微生物一般都能在常温常压下,利用简单的营养物质生长繁殖,并在生长繁殖过程中积累丰富的菌体蛋白和中间代谢产物。因此,利用微生物生产和调制饲料一般具有投资少、效能高等特点。同时,因为微生物个体微小、构造简单、世代时间短、对外界条件敏感,所以容易产生变异,这有利于有目的地进行诱变育种,改变菌种的生产特性和提高菌种的生产能力。

3. 代谢旺盛、产出率高

由于微生物个体微小,具有极大的表面积和容积的比值。因此,它们能够在有机体与外界环境之间进行迅速的营养物质与废物交换。从单位重量来看,微生物的代谢强度比高等动物的代谢强度大几千倍到上万倍。例如,利用乳酸菌进行乳酸发酵,每个细胞产生的乳酸为其体重的 1 000~10 000 倍。所以,在调制青贮饲料时,原料本身自然附着的微生物乳酸菌作为发酵菌种就足够了(当然如果当时自然界存在的杂菌比较复杂且多,则为了使乳酸菌迅速成为优势菌群,则必须添加乳酸菌发酵剂)。从饲料发酵的角度来看,微生物代谢能力强,在短时间内能把大量的基质转化为有用产品。

4. 不受生产产地和气候条件所限制

微生物发酵生产的单细胞蛋白不需要占用大量的土地和耕地,也不受季节和气候的限制。一个年产 10 万 t 单细胞蛋白的工厂,以酵母菌计,按含蛋白质 45% 计,一年所生产的蛋白质为 4.5 万 t。而每公顷耕地按产大豆 3 000 kg(蛋白质含量按 40%)计算,一年产大豆蛋白质 1 200 kg。因此,一个年产 10 万 t 单细胞蛋白的工厂所产的蛋白质相当于 3.7 万 hm^2 耕地所产蛋白质量。若将这些单细胞蛋白用于饲料生产,可养猪 28 万头或养鸡 390 万只。

5. 可以保护环境

微生物不仅可以利用大量的工业有机废水、废渣发酵生产优质蛋白饲料,为环境保护做出贡献,而且利用微生物加工和调制饲料,可以避免因酸、碱等化学方法加工饲料对环境造成的污染。

人们喜欢"绿色食品",这是由传统的以水、土壤为中心的"绿色农业"所提供的。现在提到"白色农业",指的是"微生物农业"和"生物细胞农业"等,由于这些农业不会引起环境污染,而且要求生产过程有洁净的环境,所以称之为"白色农业"。

◆◆◆ 项目一　单细胞蛋白饲料生产 ◆◆◆

目前,单细胞蛋白主要用做饲料,产品一般称为饲料酵母。其生产方式可分为 2 种:一种是用液体培养基同期培养酵母菌体,达到最大生产量后,通过离心、过滤、沉淀等方法收集纯酵母菌体,作为饲料或饲料添加剂。另一种是用霉菌、酵母菌等在固态下发酵,菌体生产的同时,酶类可以把原料部分降解为易于消化吸收的物质,而后培养基质和生成的菌体不再分离,一起作为饲料或饲料添加剂。从对原料的利用而言,第 2 种方法利用率更高,发酵过程既提高了原料中的粗蛋白质含量,又使原料更易于消化吸收。但从转化率看,固体培养的菌体生长量小,对基质营养成分的转化率较液态培养低得多。下面举几个利用工业废水、废渣以及石油等为原料生产单细胞蛋白的生产工艺。

> **知识目标**　了解单细胞蛋白饲料的概况和生产工艺。
> **能力目标**　掌握单细胞蛋白饲料的生产工艺及操作要点,能按国家行业标准生产常见的
> 　　　　　　单细胞蛋白饲料。

任务一　亚硫酸纸浆废液生产酵母工艺

亚硫酸废液是亚硫酸法纸浆生产过程中排出的废水,其中含有 2％～4％可发酵糖类,1％～2％的挥发性有机酸以及 4％～5％木素磺酸。可发酵糖类包括戊糖己糖,可供酵母菌、圆酵母菌和假丝酵母繁殖用,但必须除去二氧化硫、亚硫酸盐、糠醛等杂质。

◉ 生产工艺

向亚硫酸纸浆废液中,通入蒸汽进行曝气处理,以除掉亚硫酸。将除掉大部分亚硫酸的纸浆废液通过石灰槽,使残留的亚硫酸去尽。将处理后的废液输入发酵罐中,添加氮源及磷酸、钾等无机盐。加入产朊假丝酵母等菌种,在 30℃条件下通气,进行连续培养。往罐中加入新培养基,其流入速度为每小时加入罐内液量的 1/4。由亚硫酸纸浆废液生产饲料酵母,是由 6～10 多个发酵罐组成的连续装置,各罐的微生物所处的生长期不同,只有最后一罐流出产品。

任务二　用生产味精废液生产饲用酵母工艺

我国有许多用发酵法生产味精的工厂,每年会排出大量废液。这种废水总糖含量为1％～2％,还原糖 0.5％～0.7％,总氮 0.2％,总磷 0.5％,酸性较强。曾有报道,用此液培养假丝酵母,30℃、1∶1 通气,12 h 后达 10 g/L 左右菌体。4 t 味精废液可制造 1 t 酵母。

◉ 生产工艺

用碱中和废液,使 pH 由原来的 0.5~1.0 调成 3.5~4.5 后备用。将热带假丝酵母培养在麦芽汁斜面上,培养温度为 30~32℃。菌种经斜面接至 500 mL 摇瓶。培养后,再在 500 L种子罐中培养 12 h。在 10 t 发酵罐中装味精废液 4 t,以 10%菌种量接入,1 h 后开始流入废液,培养 10~15 h。用离心机分离,再经干燥、粉碎成粉状成品。

◉ 拓展知识

白地霉菌体饲料的生产

白地霉饲料营养价值高,可与传统的食用酵母和饲料酵母相媲美。白地霉是一种好氧性真菌,生长快,培养方法简单,生理适应性强,可以利用的原料有粉坊的废水、白薯干浸泡水、做豆腐的黄浆水、淘米水和废糖蜜等。例如,用做豆腐的废水(黄浆水)生产白地霉的方法有液体法培养和固体法培养,目前生产的菌株为 As2、498 或顺糖二号等。液体培养基可采用振荡培养、浅层培养和通气深层培养。最适 pH 为 5.5~6.0,在 15~35℃都能生长良好,最适培养温度 28~32℃。

白地霉饲料生产流程:
菌种→三角瓶摇瓶→10 L种子液培养→5 t 发酵罐生产→压滤→烘干或晒干→粉碎→成品
培养过程中发现 pH 下降至 5 以下时,要及时用碱调节。

◆◆◆ 项目二 微生物发酵饲料 ◆◆◆

稻草、麦秸、豆秆、红薯藤等作物粉碎,添加适量氮源后,接种糖化曲或采用自然发酵生产饲料,这种饲料称为糖化饲料。作物秸秆、甘蔗渣、花生壳粉等光靠糖化曲的糖化作用是难以分解的,还必须进行纤曲发酵。

> 知识目标 了解微生物发酵饲料的概况和生产工艺。
> 能力目标 掌握微生物发酵饲料的生产工艺及操作要点,能按国家行业标准生产常见的微生物发酵饲料。

任务三 纤维素酶解饲料生产

◉ 生产工艺

1.选用优良菌株
纤维素酶的来源非常广泛,昆虫、软体动物、原生动物、细菌、放线菌和真菌等都能产生纤维素酶。目前研究较多的是霉菌。其中酶活力较强的菌种为木霉、曲霉、根霉和青霉,特别是里斯木霉、绿色木霉、康氏木霉等,是目前工人的较好的纤维素酶生产菌。

2.制作以及纤曲曲种

酶解饲料需要的曲种是以绿色木霉或康氏木霉制成的纤曲。其培养基为马铃薯培养基加2%的纤维粉,pH 5.0,灭菌后接种。置28～30℃培养5～7 d,斜面长出均匀密集的绿色孢子,即得一级菌种。这种菌种可制成沙土管长期保存。

3.二级种子

培养料采用农作物废纤维粉60%～70%,加入统糠30%～40%、硫铵1%、过磷酸钙1%,pH 为4～5,加水量为手紧握时指缝有水珠而不滴出为度。容器可用塑料袋,每袋装湿料150～200 g,橡皮筋扎口,灭菌后即可接种。接种时,可先向斜面试管里倒入 10 mL 无菌水,刮下孢子制成悬浮液。一般每支菌种可接种2～4袋。如果用茄瓶制作斜面,则更易操作,每个茄瓶可加无菌水 50～100 mL,每瓶接种10～15袋。接种后立即摇匀,用手在外面掏一掏,使料在袋里摊平,厚约 1 cm。置28～30℃木架上或保温橱里培养,袋口可稍折叠,但不要封死,以利通气。第 2 天即见大量菌丝伴绿色孢子出现,可再摇袋一次,袋口不要再折叠,继续培养3～4 d,即得到长满均匀绿色孢子的二级种子。可以低温(40℃)烘干或风干后密封保藏1 年以上不死、不变质。但在潮湿环境或受潮后极易变坏。

4.生产纤曲

配方同二级种子,高压灭菌或常压蒸 1～2 h 后,在已预先熏蒸消毒过的无风室内接种。首先将料趁热摊在竹匾上(竹匾预先要洗净置烈日下曝晒灭菌,使用前再喷福尔马林80 倍液消毒),然后用灭菌木棒搅拌使速冷,至不烫手时,立即倒入二级种子,用木棒拌匀,接种量2%～3%。摊平,料厚3.3 cm,上面覆盖一层湿报纸或纱布。置28～30℃培养,温度控制在35℃以下,过高要通风降温,或在地上泼冷水。湿度不可太高,避免空间湿度达100%。培养36 h,表面长满菌丝,并结饼,可翻曲一次。再培养12 h,再翻曲。然后每隔6～8 h翻曲2次,继续培养8 或10 h,即得到长满白色菌丝体的优质纤曲。这种曲比长满绿色孢子曲种的纤维素酶获利高。曲种制成后可以自然风干密封保存。

5.酶解饲料的制作

(1)原料的处理　稻草、麦秆粉、甘蔗渣、花生壳粉都可用。使用前用2%～3%石灰水进行脱蜡处理。石灰先加水调成石灰乳,然后加入原料中,加水量视不同原料而定,一般以手握指缝间有水珠滴出2～3 滴为度。堆高 0.33～0.66 m,也可堆成馒头形,让其自然发酵。第2～3 天,pH 降到 7.0 左右即可加曲酶解。也可用 50 kg 原料、3.5 kg 石灰、275 kg 水,拌和后在常温下浸泡 1 周以上,然后用水洗去剩余石灰,洗至中性,晒干或晾干后进行酶解。

(2)酶解　要注意 3 个问题:①要保证原料的 pH 为 5 左右,开始时可利用泡菜水、淘米水调节,以后可留一些酶解原料进行调节,操作简便。②要注意温度在 40℃以上,否则酶解效果不佳,可向原料加 5～6 倍的热水,用瓦缸盛装,周围用稻草或废棉絮裹紧,上面用麻袋盖严,这样一般就能达到所要求的温度。③要注意加入的纤曲量不能太少,一般需 8%～10%,搅拌均匀时,温度应在 45～50℃,若太凉,加热水调节。

这样制作的酶解饲料,第 2 天就可取出喂猪,其含糖量为 0.6%～1.0%。利用酶解饲料喂猪,需要从少到多,使猪有一个适应过程。根据某地喂养实践,料增重率为 10%左右,而且排粪量增加,肥效好。

任务四 人工瘤胃发酵饲料

反刍动物的胃是复胃,复胃中的瘤胃具有强大的消化能力,饲料中粗纤维的50%是在瘤胃中消化的。瘤胃内含有大量微生物,如产琥珀酸拟杆菌、溶纤维丁酸弧菌、瘤胃球菌等,每克瘤胃液中含细菌150亿~250亿个,纤毛虫60万~100万个,种类繁多,都是高度厌气性的。它们是消化饲料、降解纤维素的主要作用者。瘤胃分解纤维素的强大能力不是单一种或几种细菌的作用,而是瘤胃的微生物区系互生在一起的作用。

把瘤胃液(或内容物)混于粗饲料中,装入缸(或池)内,保温发酵而制成的一种猪饲料,称人工瘤胃发酵饲料。

◉ 生产过程

制作时必须模拟牛、羊瘤胃内的主要生理条件,恒定的温度(40℃),适宜的pH(6~8),厌氧环境,必要的碳、氮和矿物质营养等。

1. 保温

常用暖缸自然保温法、加热保温法、室内加热人工保温法等。

2. 原料

各种作物秸秆,磨碎后均可作为人工瘤胃发酵的材料。

3. 添加物

氮源用尿素或硫酸铵,碱源用碱性缓冲剂及碱性磷酸盐类。如受资源和经济条件限制,可用新鲜人尿和草木灰分别代替氮、碱。

4. 菌种来源

瘤胃内容物或瘤胃液是人工瘤胃发酵饲料的菌种来源。

5. 发酵生产

(1)一级发酵 将取得的新鲜瘤胃液做7倍扩大。其做法是:先在一级种子缸内放相当于瘤胃液6倍量的45℃温水,而后加入稻草粉(或其他秸秆粉)2%、精料(或优质干草粉)0.5%、食盐0.1%、碳酸氢铵0.5%~0.8%,拌匀,pH为7.2左右,温度约42℃,随后接种新鲜瘤胃液,而后立即用塑料布封口,扎紧加盖,使形成厌氧环境。种子缸内的温度为40℃,pH为6.5左右,经2~3 d,观察滤纸崩解即可(滤纸不能在2~3 d内崩解则应重新制种)。

(2)二级发酵及菌种继代 二级发酵是将一级发酵液做4倍扩大,在同样条件下继续发酵。

(3)三级发酵 三级发酵即人工瘤胃饲料发酵。每50 kg秸秆粉加入50℃的1%石灰水200~225 kg,24 h后pH为6.5,温度40℃,而后加入食盐0.3 kg、碳酸氢铵或尿素1%~2%,搅拌均匀后加入二级种子液20~50 kg,并立即用塑料布封口,于40℃条件下保温发酵。每24 h可搅拌1~2次,2~3 d即可发酵完成。

◉ 拓展知识

青贮饲料

青贮饲料是把新鲜的青饲料,如玉米秆、根茎类、栽培牧草等,经切碎后,填入和压紧在青贮窖或青贮塔中,密封后经过微生物的发酵作用而调制成的一种多汁、耐贮藏、能供家畜全年食用的饲料。这种调制饲料的方法称为青贮。饲料青贮有以下优点:可保持青绿饲料的鲜态,使青绿饲料的优点几乎全保持下来;优质青贮饲料具有芳香的酸味,柔软多汁,适口性好,可提高与青贮饲料混喂秸秆、秕壳等粗饲料的消化率和适口性;青贮饲料有利于饲料生产的集约化经营,在较少的土地上生产,收获较多的饲料;青贮饲料比调制干草可以保存更多的营养物质;青贮是保存饲料的既经济又安全的方法;利用青贮可以消灭害虫及杂草等。

◉ 问题与思考

(1)什么是单细胞蛋白? 什么是单细胞蛋白饲料?

(2)生产单细胞蛋白的原料有哪些?

(3)什么是微生物发酵饲料? 什么是青贮饲料?

(4)白地霉菌体饲料的生产过程及操作要点是什么?

(5)纤维素酶解饲料的工艺过程和操作要点有哪些?

附　录

◆◆◆ **附录一　技能操作评价表** ◆◆◆

仪器准备(7人为一组)

高压蒸汽灭菌锅(1台,内装有充足的100℃沸水)。

显微镜(3台,有指针,有罩子,放置在柜子中,其中1台装有目镜测微尺)。

擦镜纸1本、二甲苯1瓶。

曲霉装片1盒。

镜台测微尺1个。

细胞计数板1个。

灭菌的移液管(每组1支)。

待灭菌的干燥移液管(每组1支)。

棉花少许。

回形针1支。

报纸1张。

培养基平板(每组1个,标明稀释度10^{-5})。

涂布棒1支。

带塞试管(每组3支,装有稀释好的菌液,标明稀释度10^{-4}、10^{-5}、10^{-6})。

培养基(每组15~20 mL,熔化好保持于50℃水浴锅内)。

空培养皿(每组1对,标明稀释度10^{-5})。

酒精灯(每组2个)。

1~7标号。

操作试题 1　用油镜观察曲霉的顶囊(限时 3 min)

序号	操作内容	操作要点	分值		评分标准	扣分记录
1	工位	找到需要的器材,确定工位	3	3	看清题目,认识所需器材,找到考试工位	
2	准备工作	1.理解原理,认识器材	3	1	能够正确找到考试工位	
		2.显微镜取放及位置正确		1	握镜壁,拖镜台,离边缘3～6 cm,中间偏左侧	
		3.装片放置方式正确		1	盖玻片向上,夹片器固定	
3	调光	1.调光方式正确	2	1	调节光圈大小、聚光器高度、光源强度	
		2.每次换用物镜时调光		1	有调节光源、聚光器高度或光圈的动作	
4	低倍镜观察	1.调节物镜与装片的距离	11	5	侧视下将装片调至物镜工作距离以内	
		2.调焦方式正确		5	方向是将物镜调离载物台	
		3.能将目标居中		1	有目标居中操作	
5	高倍镜观察	1.物镜选择和转换方式正确	11	3	物镜镜头选择正确	
				2	换用物镜时转动的部位是物镜转换器	
				1	转换受阻时能调整载物台	
		2.调焦方式正确		4	方向是将物镜调离载物台	
		3.能将目标居中		1	有目标居中操作	
6	油镜观察	1.正确选用油镜镜头	20	2	选用油镜镜头	
		2.滴加油系介质正确		3	只在使用油镜时滴加油系介质	
				3	无物镜对准通光孔状态下滴加	
		3.物镜转换方式正确		2	换用物镜时转动的部位是物镜转换器	
				1	转换受阻时能调整载物台	
		4.调焦方式正确		3	方向是将物镜调离载物台	
		5.油系介质清理方式正确		2	镜头径向擦拭	
				2	干擦镜纸、二甲苯、干擦镜纸交替擦拭	
				2	清理永久装片无污染	
7	结果	1.视野亮度合适	30	10	不刺眼,不昏暗	
		2.目标图像清晰		10	图像清晰	
		3.曲霉顶囊指示正确		10	指针尖指示着曲霉顶囊	
8	清场	1.显微镜收检、放回方式正确	8	3	先关灯,再拔电源插头	
				2	显微镜载物台处于最低位置	
				1	镜头处于"八"字位置	
				1	电线盘绕整齐	
				1	罩子盖上	
		2.曲霉装片放还原		1	曲霉装片还原至盒中	

续表

序号	操作内容	操作要点	分值		评分标准	扣分记录
9	综合评价及其他	1. 熟练程度	10	5	在规定时间内完成	
		2. 有无其他错误操作		5	操作规范、娴熟，各环节衔接流畅	
10	文明操作	1. 有无器皿的破损	2	1	无损坏	
		2. 操作结束后操作台面		1	清理操作台面	
	总分		100			

操作试题 2 高倍镜下找出细胞计数板的计数室小方格(限时 3 min)

序号	操作内容	操作要点	分值		评分标准	扣分记录
1	准备工作	1. 理解原理，认识器材	8	4	能够正确找到考试工位	
		2. 显微镜取放及位置正确		2	握镜壁，托镜台，离边缘 3~6 cm，中间偏左侧	
		3. 装片放置方式正确		2	盖玻片向上，夹片器固定	
2	调光	1. 调光方式正确	4	3	综合调节光圈大小、聚光器高度、光源强度	
		2. 每次换用物镜时注意调光		1	有调节光源、聚光器高度或光圈的动作	
3	低倍镜观察	1. 调节物镜与装片的距离	15	5	侧视下将装片调至物镜工作距离以内	
		2. 调焦方式正确		5	方向是将物镜调离载物台	
		3. 能将目标居中		1	有目标居中操作	
		4. 正确使用低倍镜		4	正确使用标本夹和移动器等	
4	高倍镜观察	1. 物镜转换及选择方式正确	20	5	物镜倍数选择正确	
				3	换用物镜时转动的部位是物镜转换器	
				1	转换受阻时能调节载物台	
		2. 调焦方式正确		6	方向是从物镜调离载物台	
		3. 能将目标居中		1	有目标居中操作	
		4. 正确使用高倍镜		4	正确操作，不误加油系介质等	
5	结果	1. 视野亮度合适	30	10	不刺眼，不昏暗	
		2. 目标图像清晰		10	图像清晰	
		3. 计数小室指示正确		10	指针尖指示着计数小室	

续表

序号	操作内容	操作要点	分值		评分标准	扣分记录
6	清场	1. 显微镜收检、放回方式正确	9	2	先关灯,再拔电源插头	
				2	显微镜载物台处于最低位置	
				2	镜头处于"八"字位置	
				1	电线盘绕整齐	
				1	罩子盖上	
		2. 细胞计数板还原		1	计数板还原盒中	
7	综合评价及其他	1. 熟练程度	10	5	在规定时间内完成	
		2. 有无其他错误操作		5	操作规范、娴熟,各环节衔接流畅	
8	文明操作	1. 有无器皿的破损	4	2	无损坏	
		2. 操作结束后操作台面		2	清理操作台面	
	总分		100			

操作试题 3　在高倍镜下校正目镜测微尺每格尺度值(限时 5 min)

序号	操作内容	操作要点	分值		评分标准	扣分记录
1	准备工作	1. 理解原理,认识器材	9	5	能够正确找到考试工位	
		2. 显微镜取放及位置正确		2	握镜壁,托镜台,离边缘 3～6 cm,中间偏左侧	
		3. 镜台测微尺放置正确		2	盖玻片向上,夹片器固定	
2	调光	1. 调光方式正确	4	3	综合调节光圈大小、聚光器高度、光源强度	
		2. 每次换用物镜时注意调光		1	有调节光源、聚光器高度或光圈的动作	
3	低倍镜观察	1. 调节物镜与装片的距离	15	5	侧视下将装片调至物镜工作距离以内	
		2. 调焦方式正确		5	方向是将物镜调离载物台	
		3. 能将目标居中		1	有目标居中操作	
		4. 正确使用低倍镜		4	正确使用标本夹和移动器等	
4	高倍镜观察	1. 物镜选择和转换方式正确	16	3	物镜倍数选择正确	
				3	换用物镜时转动的部位是物镜转换器	
				1	转换受阻时能调整载物台	
		2. 调焦方式正确		5	方向是将物镜调离载物台	
		3. 正确使用高倍镜		4	正确操作,不误加油系介质	

续表

序号	操作内容	操作要点	分值		评分标准	扣分记录
5	结果	1. 视野亮度合适	30	10	不刺眼,不昏暗	
		2. 目标图像清晰		10	图像清晰,重合度高	
		3. 目镜测微尺校正值计算准确		10	目镜测微尺校正值计算准确	
6	清场	1. 显微镜收检、放回方式正确	12	3	先关灯,再拔电源插头	
				2	显微镜载物台处于最低位置	
				2	镜头处于"八"字位置	
				1	电线盘绕整齐	
				1	罩子盖上,放还原位	
		2. 镜台测微尺还原		3	镜台测微尺包好还原至盒中	
7	综合评价及其他	1. 熟练程度	10	5	在规定时间内完成	
		2. 有无其他错误操作		5	操作规范、娴熟,各环节衔接流畅	
8	文明操作	1. 有无器皿的破损	4	2	无损坏	
		2. 操作结束后操作台面		2	清理操作台面	
	总分		100			

操作试题 4　无菌操作在平板中接种 0.1 mL 菌液并涂匀

序号	操作内容	操作要点	分值		评分标准	扣分记录
1	准备工作	1. 理解原理,认识器材	4	2	能够正确找到考试工位	
		2. 物品摆放		2	各种实验器材、试剂摆法有序合理	
2	灭菌	1. 以酒精棉球擦洗手	6	2	进行且方法正确	
		2. 擦洗试验台面		2	进行且方法正确	
		3. 擦洗菌种试管等管口		2	进行且方法正确	
3	取样	1. 点燃酒精灯	48	2	点燃,火焰适宜	
		2. 拆无菌移液管外包纸		2	移液管尖嘴靠近火焰	
				3	移液管下半部不得触碰其他物体	
		3. 菌液试管处置		1	开塞方向斜上	
				1	开塞动作轻	
				2	开塞后灼烧试管口	
				2	试管塞持握方式正确	
				3	试管塞持握手中	
				3	盖塞前灼烧塞子和试管口	

续表

序号	操作内容	操作要点	分值		评分标准	扣分记录
3	取样	4.吸取稀释菌液	48	1	试管塞正确持握手中	
				2	正确选择相应稀释倍数的菌液	
				2	准确吸取0.1 mL,不滴漏	
				2	移液管使用方法正确	
				3	试管口移液管口在火焰5 cm半径范围内	
		5.放稀释菌液		2	取用对应编号的平皿,培养皿打开手法正确娴熟	
				2	在火焰5 cm半径范围内操作	
				3	准确放液,不滴漏	
				2	移液管外壁不接触平皿	
		6.用毕移液管的放置		5	移液管放入外纸包中或消毒液中	
		7.整体印象		5	无菌操作规范熟练,操作无错误	
4	涂布	1.涂布棒灭菌	25	5	正确选用涂布棒 涂布棒蘸取酒精,火焰灼烧灭菌	
		2.涂布棒冷却		5	涂布棒靠在皿盖内壁冷却	
		3.涂布		3	涂布操作正确规范,未将菌液涂至皿壁	
				3	玻璃器皿间的撞击声较小,涂布棒放下前过火,冷却	
				2	涂布完成待菌液完全吸收后将平皿倒置	
		4.整体印象		5	无菌操作规范、熟练,操作无错误	
5	结束	熄灭酒精灯	3	3	盖灭,打开重盖一次	
6	综合评价	1.熟练程度 2.有无其他错误操作	10	10	操作规范、娴熟,各环节衔接流畅	
7	文明操作	1.有无器皿的破损	4	2	无损坏	
		2.操作结束后操作台面		2	清理操作台面	
	总分		100			

操作试题 5 移液管的包扎

序号	操作内容	操作要点	分值		评分标准	扣分记录
1	准备工作	物品摆放	2	2	各种实验器材、试剂摆放有序合理	
2	包扎	1. 塞棉花	12	4	位置在移液管顶	
				2	没有棉花外露出管顶端	
		2. 裁纸条	6	6	长度 1~2 cm	
				6	宽度 3~5 cm	
		3. 包移液管	20	8	与纸条成 30°~45°夹角	
				8	尖端双层纸包上	
				4	滚动将纸条缠绕在移液管上	
3	固定	固定	16	8	打结固定方法正确	
				8	打结在移液管顶端正确位置	
4	综合评价	熟练程度	4	4	操作规范、娴熟,各环节衔接流畅	
5	结果	能用高压蒸汽灭菌锅灭菌且易于使用	30	10	整个移液管包扎不能过长	
				10	报纸缠裹松紧合适(撕开后易取下,形成纸筒)	
				10	棉花松紧合适(不被吹动,用水检查能自如吸放)	
6	文明操作及其他	1. 有无器皿的破损	10	5	无损坏	
		2. 操作结束后操作台面		5	清理操作台面	
		3. 有无其他错误操作				
	总分		100			

操作试题6　无菌操作倒平板

序号	操作内容	操作要点	分值	评分标准	扣分标准
1	准备工作	1.着装	4	2 着工作服,仪容整洁	
		2.物品摆放		2 各种实验器材、试剂摆放有序合理	
2	灭菌	1.以酒精棉球擦洗手方式正确	8	1 进行,擦洗范围不重叠	
		2.擦洗实验台面方法正确		1 进行,擦洗范围不重叠	
		3.点酒精灯		1 酒精灯火焰大小合适	
		4.擦洗培养基锥形瓶口等		1 进行且方法正确	
		5.打开培养基瓶塞后灼烧瓶口		4 进行且方法正确	
3	倒平板	1.培养基温度	38	3 观察和确认培养基水浴温度	
		2.打开培养皿		5 在火焰5 cm半径范围内操作	
				5 持握方法正确、娴熟	
		3.正确倾倒固体培养基		5 锥形瓶不得接触培养皿	
				5 操作规范、迅速	
		4.正确混匀		4 水平位置迅速旋动平皿	
				4 迅速在水平台面上正向、反向转动平皿	
				2 培养基不得溅在皿壁、皿盖上	
		5.酒精灯熄灭方式正确		2 盖灭,打开重盖一次	
		6.待凝		3 培养皿凝固后,将平皿倒置	
4	结果	1.平板表面状况	35	10 表面光滑、水平	
		2.培养基量合适		10 15～20 mL	
		3.平板沾染状况		10 皿盖、皿壁上皆未沾染培养基	
		4.平板温度掌控状况		5 皿盖水汽少	
5	综合评价	熟练程度	5	5 无菌操作规范、娴熟,各环节衔接流畅	
6	文明操作及其他	1.有无器皿的破损 2.操作结束后操作台面 3.有无其他错误操作	10	5 无损坏	
				5 清理操作台面	
	总分		100		

操作试题 7 灭菌锅的操作(讲述补充)

序号	操作内容	操作要点	分值		评分标准	扣分标准
1	准备工作	1.检查水量,加水	10	5	描述水位应该超过加热管低于内锅支架	
		2.放置待灭菌物品		5	描述物品洁净干燥 描述物品包扎好	
2	加盖	1.出气软管放入位置正确	10	5	出气软管放入内桶夹管中	
		2.拧紧方式正确		5	对称拧紧,重复至少一次	
3	加热	1.接通变压器电源	15	5	接通变压器电源	
		2.打开灭菌锅开关		5	打开灭菌锅开关	
		3.调节变压器		5	调节变压器至 220 V 以上	
4	排气	排尽空气后关闭气阀	10	10	排气时间超过 5 min,或气柱状	
5	升温	1.升温到正确温度参数	15	5	121 或 115℃	
		2.维持正确长度的时间		5	20~30 min 或 30~40 min	
		3.维持温度的方法正确		5	调节变压器	
6	停止	1.关掉灭菌锅开关	20	4	关掉灭菌锅开关	
		2.变压器调至 0		4	变压器调至 0	
		3.拔掉变压器电源		4	拔掉变压器电源	
		4.完全冷却		4	压力降至 0 刻度方能开盖	
		5.去除物品处理		4	取出物品使用或烘干保存	
7	综合评价	熟练程度	10	10	熟悉操作规范,各环节衔接流畅	
8	文明操作及其他	1.有无器皿的破损 2.操作结束后清理工位 3.有无其他错误操作	10	5	无损坏	
				5	清理操作台面	
	总分		100			

附录二　染色液的配制

1. 吕氏碱性美蓝染液

美蓝 0.6 g、95%乙醇 30 mL、0.01% KOH 溶液 100 mL。

将美蓝溶解于乙醇中,然后与 KOH 溶液混合。

2. 草酸铵结晶紫染液

甲液:结晶紫 2.0 g、95%乙醇 20 mL;乙液:草酸铵 0.8 g、蒸馏水 80 mL。

用时将 20 mL 甲液与 80 mL 乙液混合,静置 48 h 后使用。此液可储存较久。

3. 齐氏石炭酸复红染液

碱性复红饱和酒精溶液(每 100 mL 的 95%酒精中加 3 g 碱性复红)10 mL、5%石炭酸水溶液(溶化的石炭酸 5 mL 加入 95 mL 蒸馏水中)90 mL,将上述 2 种溶液混合后过滤即成。

4. 卢戈碘液

碘片 1 g、碘化钾 2 g、蒸馏水 300 mL。

先将碘化钾加入 3～5 mL 的蒸馏水中,溶解后再加碘片,用力摇匀,使碘片完全溶解后,再加蒸馏水至足量(如直接将碘片与碘化钾加入 300 mL 的蒸馏水中,则碘片不能溶解;另外,卢戈碘溶液不能久藏,一次不宜配制过多,应加以注意)。

5. 番红复染液

2.5%番红纯酒精溶液 10 mL、蒸馏水 90 mL,混合即成。

6. 0.05%美蓝染液

美蓝 0.05 g、pH 6.0 的 0.02 mol/L 磷酸缓冲液 100 mL,将美蓝溶于磷酸缓冲液中即成。

7. 乳酸石炭酸棉蓝染色液

石炭酸 10 g、乳酸(相对密度 1.21)10 mL、甘油 20 mL、蒸馏水 10 mL、棉蓝(cottonblue)0.02 g。

将石炭酸加在蒸馏水中加热溶解,然后加入乳酸和甘油,最后加入棉蓝,使其溶解即成。

附录三　常用培养基配方

1. 牛肉膏蛋白胨琼脂培养基(培养细菌用)

牛肉膏 3～5 g、蛋白胨 10 g、NaCl 5 g、琼脂 15～20 g、水 1 000 mL,pH 7.2～7.4。121℃灭菌 20 min。

2. 高氏(Gause)Ⅰ号琼脂培养基(培养放线菌用)

可溶性淀粉 20 g、KNO_3 1 g、NaCl 0.5 g、K_2HPO_4 0.5 g、$MgSO_4$ 0.5 g、$FeSO_4$ 0.01 g、琼脂 20 g、水 1 000 mL,pH 7.2～7.4。121℃灭菌 20 min。

配制时,先用少量冷水将淀粉调成糊状,倒入煮沸的水中,在火上加热,边搅拌边加入其他成分,溶化后补足水分至 1 000 mL。

3. 麦芽汁琼脂培养基(培养酵母菌用)

取大麦或小麦若干,用水洗净,浸水 6～12 h,置 15℃阴暗处发芽,上盖纱布一块,每日早、中、晚淋水 1 次,麦根伸长至麦粒的 2 倍时,即停止发芽,摊开晒干或烘干,贮存备用。将干麦芽磨碎,一份麦芽加 4 倍水,在 65℃水浴锅中糖化 3～4 h,糖化程度可用碘液滴定测定。将糖化液用 4～6 层纱布过滤,滤液如混浊不清,可用鸡蛋白澄清,方法是将一个鸡蛋白加水约 20 mL,调匀至生泡沫时为止,然后倒入糖化液中搅拌煮沸后再过滤。将滤液稀释至 5～6°Bè,pH 约 6.4,加入 2% 琼脂即成。121℃灭菌 20 min。

4. 察氏(Czapek)培养基(培养霉菌用)

$NaNO_3$ 2 g、K_2HPO_4 1 g、KCl 0.5 g、$MgSO_4$ 0.5 g、$FeSO_4$ 0.01 g、蔗糖 30 g、琼脂 15～20 g、水 1 000 mL,pH 自然。121℃灭菌 20 min。

5. 马铃薯培养基(简称 PDA 培养基)(培养真菌用)

马铃薯 200 g、葡萄糖(或葡萄糖)20 g、琼脂 15～20 g、水 1 000 mL,pH 自然。121℃灭菌 30 min。

配制时,马铃薯去皮,切成块煮沸 30 min,然后用纱布过滤,再加糖和琼脂,溶化后补水至 1 000 mL。

6. 马丁(Martin)琼脂培养基(分离真菌用)

葡萄糖 10 g、蛋白胨 5 g、K_2HPO_4 1 g、$MgSO_4 \cdot 7H_2O$ 0.5 g、1/3 000 孟加拉红(rosebengal,玫瑰红水溶液)100 mL、琼脂 15～20 g、蒸馏水 800 mL,pH 自然。121℃灭菌 30 min。

临用前向每 100 mL 培养基中加入 1% 链霉素溶液 0.3 mL,使其终浓度为 30 μg/mL。

7. 淀粉琼脂培养基

蛋白胨 10 g、NaCl 5 g、牛肉膏 5 g、可溶性淀粉 2 g、琼脂 15～20 g、蒸馏水 1 000 mL,pH 7.2。121℃灭菌 30 min。

8. 油脂琼脂培养基

蛋白胨 10 g、NaCl 5 g、牛肉膏 5 g、香油或花生油 10 g、1.6% 中性红水溶液 1 mL、琼脂 15～20 g、蒸馏水 1 000 mL,pH 7.2。121℃灭菌 20 min。

注:①不能使用变质油;②油和琼脂及水先加热;③调好 pH 后,再加入中性红;④分装时,需不断搅拌,使油均匀分布于培养基中。

9. 明胶培养基

牛肉膏蛋白胨液 100 mL、明胶 12～18 g,pH 7.2～7.4。112℃灭菌 30 min。

在水浴锅中将上述成分熔化,不断搅拌。溶化后调 pH 至 7.2～7.4。

10. 石蕊牛奶培养基

牛奶粉 100 g、石蕊 0.075 g、水 1 000 mL,pH 6.8。112℃灭菌 15 min。

11. 蛋白胨水培养基

蛋白胨 10 g、NaCl 5 g、蒸馏水 1 000 mL,pH 7.6。121℃灭菌 20 min。

12. 糖发酵培养基

蛋白胨水培养基 1 000 mL、1.6% 溴甲酚紫乙醇溶液 1～2 mL,pH 7.6。另配 20% 糖溶液(葡萄糖、乳糖、蔗糖、麦芽糖)各 10 mL。

制法:①将上述含指示剂的蛋白胨水培养基(pH 7.6)分装于试管中,在每个试管内放一倒置的小玻璃管,使充满液体;②将分装好的蛋白胨水培养基和20%糖溶液分别灭菌,蛋白胨水121℃灭菌20 min,糖溶液112℃灭菌30 min;③灭菌后,每管以无菌操作分别加入20%的无菌糖溶液0.5 mL(按照每10 mL培养基加入20%的糖液0.5 mL,制成1%的浓度)。

配制用的试管必须洗干净,避免结果混乱。

13. 葡萄糖蛋白胨水培养基

蛋白胨5 g、葡萄糖5 g、K_2HPO_4 5 g、蒸馏水1 000 mL,pH 7.0～7.2。112℃灭菌30 min。

14. 麸曲培养基

麸皮7 g、玉米面1 g、$(NH_4)_2SO_4$ 0.04 g、NaOH 0.08 g、水10 mL,混合均匀,装入250 mL三角瓶中。121℃灭菌30 min。

15. 豆芽汁蔗糖(或葡萄糖)培养基

黄豆芽100 g、蔗糖(或葡萄糖)50 g、水1 000 mL,pH自然。121℃灭菌20 min。

称取新鲜黄豆芽100 g,放入烧杯中,加水1 000 mL,煮沸约30 min,用纱布过滤。用水补足原量,再加入蔗糖(或葡萄糖)50 g,煮沸溶化。

16. 酪素培养基

KH_2PO_4 0.36 g、$MgSO_4 \cdot 7H_2O$ 0.5 g、$ZnCl_2$ 0.014 g、$Na_2HPO_4 \cdot 7H_2O$ 1.07 g、NaCl 0.16 g、$CaCl_2$ 0.02 g、$FeSO_4$ 0.002 g、酪素4 g、胰酪胨(trypticase)0.05 g、琼脂20 g、pH 6.5～7.0。121℃灭菌20 min。

17. 麸曲培养基

冷榨豆饼55 g、麸皮45 g、水90～100 mL,充分湿润混匀,每300 mL三角瓶装湿料20 g。121℃灭菌20 min。

18. 麦芽汁酵母膏培养基

麦芽粉3 g、酵母浸膏0.1 g、水1 000 mL。121℃灭菌20 min。

19. 乳糖胆盐蛋白胨培养基

蛋白胨20 g、猪胆盐(或牛、羊胆盐)5 g、乳糖10 g、0.04%溴甲酚紫水溶液25 mL、水1 000 mL、pH 7.4。

制法:将蛋白胨、胆盐与乳糖溶于水中,校正pH,加入指示剂,分装,每瓶50 mL或每管5 mL,并倒置放入一个杜氏小管,115℃灭菌15 min。

注:双倍或三倍乳糖胆盐蛋白胨培养基是指除水以外,其余成分加倍或取三倍用量。乳糖发酵管是指除不加胆盐外,其余同乳糖胆盐蛋白胨培养基。

20. 伊红美蓝琼脂培养基

蛋白胨10 g、乳糖10 g、K_2HPO_4 2 g、2%伊红水溶液20 mL、0.65%美蓝水溶液10 mL、琼脂20 g、水1 000 mL,pH 7.1。

制法:将蛋白胨、磷酸盐和琼脂溶于水中,校正pH后分装。121℃灭菌15 min备用。临用时加入乳糖并熔化琼脂,冷至50～55℃,加入伊红和美蓝溶液,摇匀,倾注平板。

21. 种子培养基(适用于谷氨酸棒杆菌)

葡萄糖25 g、玉米浆9 g、尿素5 g、K_2HPO_4 1 g、$MgSO_4$ 0.4 g、$FeSO_4$ 2×10^{-5} g、$MnSO_4$ 2×10^{-5} g、水1 000 mL,pH 6.7。121℃灭菌20 min。

附录四 试剂和溶液的配制

1. 3%酸性乙醇溶液

浓盐酸 3 mL、95%乙醇 97 mL。

2. 中性红指示剂

中性红 0.04 g、95%乙醇 28 mL、蒸馏水 72 mL。

中性红 pH 6.8(红色)～8(黄色),常用浓度 0.04%。

3. 淀粉水解试验用碘液(卢戈碘液)

碘片 1 g、碘化钾 2 g、蒸馏水 300 mL。

先将碘化钾溶解在少量水中,再将碘片溶解在碘化钾溶液中,待碘片全溶后,补足水分即成。

4. 溴甲酚紫指示剂

溴甲酚紫 0.04 g、0.01 mol/L NaOH 7.4 mL、蒸馏水 92.6 mL。

溴甲酚紫 pH 5.2(黄色)～6.8(紫色),常用浓度 0.04%。

5. 溴麝香草酚蓝指示剂

溴麝香草酚蓝 0.04 g、0.01 mol/L NaOH 6.4 mL、蒸馏水 93.6 mL。

溴麝香草酚蓝 pH 6.0(黄色)～7.6(蓝色),常用浓度 0.04%。

6. 甲基红(M. R.)试剂

甲基红(methyl red)0.04 g、95%乙醇 60 mL、蒸馏水 40 mL。

先将甲基红溶于 95%乙醇中,然后加入蒸馏水即可。

7. 乙酰甲基甲醇(V. P.)试剂

硫酸铜 1.0 g、蒸馏水 10 mL、浓氨水 40 mL、10% KOH 950 mL。

将硫酸铜溶于蒸馏水中(微加热可加速溶解),然后加入浓氨水,最后加入 10% KOH 溶液。混匀后使用。

8. 吲哚试剂

对二甲基氨基苯甲醛 2 g、95%乙醇 190 mL、浓盐酸 40 mL。

9. 碘原液

碘 2.2 g、碘化钾 0.4 g,加蒸馏水定容至 100 mL。

10. 标准稀碘液

取碘原液 15 mL,加碘化钾 8 g,加蒸馏水定容至 200 mL。

11. 比色稀碘液

取碘原液 2 mL,加碘化钾 20 mg,加蒸馏水定容至 500 mL。

12. 0.2%可溶性淀粉液

称取 0.2 g 可溶性淀粉,先以少许蒸馏水混合,再徐徐倾入煮沸的蒸馏水中,继续煮沸 2 min,冷却,加水至 100 mL。

13. 磷酸氢二钠-柠檬酸缓冲液(pH 6.0)

称取 $Na_2HPO_4 \cdot 12H_2O$ 11.31 g,柠檬酸 2.02 g,加水定容至 250 mL。

14. 标准糊精液

称取 0.3 g 糊精,悬浮于少量水中,再倾入 400 mL 沸水中,冷却后,加水稀释至 500 mL。

◆◆◆ 附录五 洗涤液的配制与使用 ◆◆◆

一、洗涤液的配制

洗涤液分为浓溶液与稀溶液 2 种,配方分别如下。

(1)浓溶液 重铬酸钠或重铬酸钾(工业用)50 g、自来水 150 mL、浓硫酸(工业用)800 mL。

(2)稀溶液 重铬酸钠或重铬酸钾(工业用)50 g、自来水 850 mL、浓硫酸(工业用)100 mL。

配法:将重铬酸钠或重铬酸钾先溶解于自来水中,可慢慢加温,使溶解,冷却后徐徐加入浓硫酸,边加边搅动。

配好后的洗涤液是棕红色或橘红色,应贮存于有盖容器内。

二、原理

重铬酸钠或重铬酸钾与硫酸作用后形成铬酸。铬酸的氧化能力极强,因而此液具有极强的去污作用。

三、使用注意事项

①洗涤液中的硫酸具有强腐蚀作用,玻璃器皿浸泡时间太长,会使玻璃变质,因此切忌到时忘记将器皿取出冲洗。洗涤液若沾污衣服和皮肤应立即用水洗,再用苏打水或氨液洗。如果溅在桌椅上,应立即用水洗去或湿布抹去。

②玻璃器皿投入前,应尽量干燥,避免洗涤液稀释。

③此液的使用仅限于玻璃和瓷质器皿,不适用于金属和塑料器皿。

④有大量有机质的器皿应先行擦洗,然后再使用洗涤液,这是因为有机质过多,会加快洗涤液失效。此外,洗涤液虽为很强的去污剂,但也不是所有的污迹都可清除。

⑤盛洗涤液的容器应始终加盖,以防氧化变质。

⑥洗涤液可反复使用,但当其变为墨绿色时即已失效,不能再用。

参 考 文 献

[1] 黄秀梨,辛明秀. 微生物学实验指导. 北京:高等教育出版社,2008.

[2] 潘春梅,张晓静. 微生物技术. 北京:化学工业出版社,2013.

[3] 李莉,陈其国. 微生物基础技术. 武汉:武汉理工大学出版社,2010.

[4] 李振高,骆永明,滕应. 土壤与环境微生物研究法. 北京:科学出版社,2008.

[5] 韩秋菊,. 药用微生物. 北京:化学工业出版社,2011.

[6] 孙祎敏. 工业微生物及育种技术. 北京:化学工业出版社,2011.

[7] 黄秀梨,辛秀明. 微生物学. 北京:高等教育出版社,2009.

[8] 沈萍,陈向东. 微生物学. 北京:高等教育出版社,2009.

[9] 微生物应用技术课程建设团队. 微生物应用技术. 北京:中国农业出版社,2010.

[10] 陈其国,李莉. 微生物基础技术项目学习册. 武汉:武汉理工大学出版社,2010.

[11] 梁还恬. 微生物肥料生产及施用技术. 天津:天津科技翻译出版公司,2010.

[12] 陆文清. 发酵饲料生产于应用技术. 北京:中国轻工业出版社,2011.

[13] 王中康,周燚,喻子牛. 微生物农药研发与应用. 北京:化学工业出版社,2006.

[14] 邓彩萍. 微生物杀虫剂的研发与应用. 北京:中国农业科技出版社,2012.

[15] 欧善生,张慎举. 生物农药与肥料. 北京:化学工业出版社,2011.

[16] 赫涤非. 微生物实验实训. 武汉:华中科技大学出版社,2012.

[17] 孙健. 农业微生物技术. 北京:化学工业出版社,2005.

[18] 李莉. 应用微生物学. 武汉:武汉理工大学出版社,2006.

[19] 赵斌,何绍江. 微生物学实验. 北京:科学出版社,2001.

[20] 中国科学院微生物研究所. 菌种包藏手册. 北京:科学出版社,1980.

[21] 黄青云. 畜牧微生物学. 北京:中国农业出版社,2003.

[22] 李卓榇,喻子牛. 农业微生物学实验技术. 北京:中国农业出版社,1996.

[23] 诸葛健. 工业微生物实验技术手册. 北京:中国轻工出版社,1994.

[24] 周奇迹. 农业微生物. 北京:中国农业出版社,2001.

[25] 刘志恒. 现代微生物学. 北京:科学出版社,2002.

[26] 周德庆. 微生物学教程. 北京:高等教育出版社,2002.

[27] 武汉大学,复旦大学生物系微生物教研室. 微生物学. 北京:高等教育出版社,1987.

[28] 杨汝德. 现代工业微生物学. 广州:华南理工大学出版社,2001.

[29] 东秀珠,蔡妙英. 常见细菌系统鉴定手册. 北京:科学出版社,2001.

[30] 沈萍. 微生物学. 北京:高等教育出版社,2002.

[31] 刁治民,周富强,高晓杰. 农业微生物生态学. 成都:西南交通大学出版社,2008.

[32] 蔡信之,黄君红. 微生物学. 北京:高等教育出版社,2002.

[33] 岑沛霖. 生物工程导论. 北京:化学工业出版社,2004.

[34] 杨文博. 微生物学实验. 北京:化学工业出版社,2004.

[35] 杜连祥,路福平. 微生物学实验技术. 北京:中国轻工业出版社,2005.

[36] 郑晓冬. 食品微生物学. 杭州:浙江大学出版社,2001.